DUCATI
1199 PANIGALE S

DUCATI

VALERIO BONI

DUCATI

Motor
buch
Verlag

Die Originalausgabe ist 2012 unter dem Titel »Ducati« bei Edizioni Gribaudo slr, Savigliano erschienen.

ISBN 978-3-613-03350-4

1. Auflage 2012

Ein Unternehmen der Paul Pietsch Verlage GmbH + Co.

Sie finden uns im Internet unter www.motorbuch-verlag.de

Text: Valerio Boni

Fotos: Marco Guidetti – Gemini

Einbandgestaltung: Luis dos Santos; Foto: Schwab

Die Übertragung ins Deutsche besorgte Ted Lemberger

Lektorat: Joachim Kuch
Innengestaltung: Ipa, 75417 Mühlacker-Mühlhausen
Printed in China

Inhalt

238

Das Original: Vom Rasierer zum Radio

Nach Angaben der Handelskammer von Bologna wurde Ducati am 4. Juli 1926 gegründet, tatsächlich begann die Geschichte der Firma aber bereits zwei Jahre früher, als Adriano Cavalieri Ducati mit seinen Brüdern Bruno und Marcello die Società Scientifica Radio Brevetti Ducati gründeten, die mit der Stadt Bologna künftig in einem Atemzug genannt werden sollte. Ausschlaggebend hierfür waren Funkexperimente des damals 19-jährigen Physikstudenten Adriano, bei denen es ihm gelang, von zuhause aus eine Verbindung in die USA herzustellen. Die Firma stellte Kondensatoren und verwandte Komponenten her, die deutlich weniger Strom brauchten als die 1901 von Guglielmo Marconi eingesetzten Komponenten. Das erste Produkt, das die Ducatis in ihren eingeschränkten Räumlichkeiten in der Via Guidotti herstellten, war ein Kondensator zum Einbau in Funkgeräte. Bei der Markteinführung im Herbst 1926 erhielt das junge Unternehmen bereits eine erste Bestellung von 3.000 Stück aus Buenos Aires in Argentinien. Von Anfang an hatte das Unternehmen vor allem auf ausländische Märkte gesetzt, und diese Rechnung ging auf. Es dauerte nicht lange, bis ein Umsatzvolumen erreicht wurde, das sowohl die Erweiterung der Produktpalette wie auch den Bau neuer Räumlichkeiten erlaubte – natürlich in der Via Guidotti – und auch den Lohn für 100 Beschäftigte sicherte. Viele andere Produkte sind hinzugekommen: der regelbare Kondensator 201, der unverändert von 1928 bis 1973 gebaut wurde, eine antistatische Antenne im Jahr 1930 und 1935

Heute wie damals befindet sich das historische Ducati Werk in Borgo Panigale: es ist umgebaut, renoviert und modernisiert worden, aber es ist immer noch das pochende Herz der Motorradwelt von Bologna.

DUCATI

Mit der Übernahme durch die Texas-Pacific-Group wurde an der Rückseite des Firmengebäudes ein riesiges Display installiert, das von den vielen Siegen auf allen Rennstrecken der Welt kündet. An der Stirnseite des Gebäudes wird dem Weltmeister Valentino Rossi, »the Doctor«, mit der Startnummer 46 besondere Ehre zuteil.

eine der ersten Gegensprechanlagen, die in Büros und Hotels zum Einsatz kamen und später auch als Alarmanlagen eingesetzt wurden.
Die Ducati-Brüder hatten Glück, ihr Unternehmen in einer Zeit gegründet zu haben, als der faschistische Diktator Mussolini versuchte, ganz Italien zu einem modernen Industriestaat zu machen. Bereits knapp zehn Jahre nach der Firmengründung begann man 1935 mit dem Bau eines neuen Firmengebäudes auf einem 120.000 Quadratmeter großen Grundstück in Borgo Panigale, einem Industriegebiet am Rande Bolognas. Am 1. Juli erfolgte der erste Spatenstich in der Via Emilia, einer Straße, die später von der Gemeinde nach Antonio Cavalieri Ducati, dem Vater der drei Ducati-Brüder, benannt werden sollte.
Die Einweihung der neuen Produktionsstätte erlaubte eine erneute Ausdehnung der Produktpalette, die nicht mehr ausschließlich ausgebildeten Technikern vorbehalten war. Im Jahr 1939 begann die Serienproduktion von Radiogeräten, die in ein Holzgehäuse eingebaut wurden, das von Marcello Ducati und einem Maestro des Gitarrenbaus aus Cremona gestaltet wurde. Ein Jahr später entwickelte man den ersten elektrischen Rasierapparat »Made in Italy«. 1941 wurde eine optische Abteilung aufgebaut, in der man eine 18 x 24 mm-Kamera mit Wechsel-Objektiven und Filmprojektoren baute. Ferner baute man das Nachtsichtgerät »Binar«, dessen Lizenz man vom deutschen Hersteller Carl Zeiss erworben hatte. Das gemeinsame Merkmal aller Produkte waren die hohen Qualitätsstandards, die durch den Einsatz von optimalen Materialien und durch Verwendung von hochpräzisen Bearbeitungsmaschinen zustande kam.
Die Wirren des Zweiten Weltkriegs zwangen Ducati und die inzwischen auf 10.000 Mitarbeiter angeschwollene Belegschaft für die Rüstungsindustrie zu produzieren. So entstanden neben der normalen Produktion Projektil-Sicherungen und Kraftstoffpumpen für Flugzeuge.
Als am 8. September 1943 die italienische Regierung einen Waffenstillstand mit den Alliierten unterschrieb, ging es bei Ducati bergab. Am Tag des Abkommens wurde die Fabrik von deutschen

Truppen besetzt, die später den größten Teil des Werks mitsamt Maschinen nach Deutschland verfrachteten. Am 12. Oktober 1944 wurden die Hallen durch Luftangriffe alliierter Bomber praktisch dem Erdboden gleich gemacht.
Nach dem Krieg standen die Brüder kurze Zeit mit dem alliierten Marine-Nachrichtendienst in Verbindung, aber jeder Versuch, das Werk neu aufzubauen, scheiterte wegen finanzieller Schwierigkeiten und an den schwierigen Verhältnissen der ersten Nachkriegsjahre. Am 1. Dezember 1947 war »Società Scientifica Radio Brevetti Ducati« bankrott, das Werk war jedoch nach Ansicht der IRI (Instituto di Ricostruzione, dem Ministerium für den Wiederaufbau) zu wertvoll, um es zu liquidieren. Ein Konsortium, gestützt von Geldern der Regierung und des Vatikan, griff 1948 ein und rettete das Werk. Dabei wurde Ducati der Kontrolle durch die staatliche IMI (L'Istituto Mobiliare Italiano) unterstellt. Die drei Ducati-Brüder behielten dabei ihre Rolle als Berater.
Inzwischen waren die Werksanlagen wieder aufgebaut worden. Produziert wurden Cucciolo-Einbaumotoren, Kondensatoren, Kameras und Filmprojektoren. Die Sparten Radio und Elektronik wurden nach Mailand verlegt. An deren Stelle wurde in Borgo Panigale die ersten Schritte in Sachen Otto-Motoren gemacht.

Am Eingang zu den aktuellen Betriebsanlagen prangt das Logo der Marke aus Bologna. Nur wenige hundert Meter entfernt vom Stammwerk wurde eine neue Fabrik gebaut, um gut für die Zukunft gerüstet zu sein.

CUCCIOLO, DAS FAHRRAD MIT HILFSMOTOR

Heute ist Ducati weltweit berühmt für seine Motorräder, die gegen die großen japanischen Teams in der Superbike-WM- und bei Moto-GP-Wettbewerben fahren und diese besiegt haben. Das Abenteuer in der Welt der Motorräder begann, wie weltweit bei allen Herstellern, auf der untersten Stufe der Leiter. Ursprünglich hatte man überhaupt keine Ambitionen, sich auf diesem Gebiet zu betätigen; das Kerngeschäft bestand, wie gesagt, bis Ende des Zweiten Weltkriegs im Bau und Vertrieb von Elektrogeräten. Nachdem bei Kriegsende auch noch die militärischen Aufträge ausblieben, stand man vor der Frage, wie man die 10.000 Mitarbeiter weiterbeschäftigen sollte. Für die IRI, die italienische Gesellschaft für Wiederaufbau, war die einzige praktikable Lösung, das Unternehmen völlig neu aufzustellen. Es wurden Arbeitsplätze geschaffen, dank derer in Lizenz Fahrräder mit Hilfsmotor produziert werden konnten. Die Nachfrage nach einem solchen Produkt war gewaltig und forderte enorme Kapazitäten, da ein solches Kraftrad für die Gesellschaft nach dem Krieg der erste erschwingliche Schritt zur motorisierten Mobilität war.

Das Konzept, einen Motor in einen Fahrradrahmen zu hängen, um daraus ein Moped zu erhalten, war nicht wirklich neu. Mehrere Hersteller beschäftigten sich bereits mit dieser Möglichkeit, das Cucciolo-Projekt war dennoch revolutionär. Der »Cucciolo«-Motor (»Hundewelpe«) war ursprünglich während des Zweiten Weltkriegs von einem Anwalt namens Aldo Farinelli und dem Manager und Ingenieur Aldo Leoni für Siata in Turin entwickelt worden. Erste

Heutzutage freut man sich über die verschieden Cucciolo-Modelle – hier die Sportversion mit durchgängiger Sitzbank –, wenn ihre Besitzer diese stolz auf Ausstellungen präsentieren.

11
DUCATI Sport
Mondial
5
DUCATI

Der Motor wurde in der Nachkriegszeit gebaut, um, eingebaut in einem Fahrrad, die Reiselust der Italiener zu befriedigen. Jetzt war man in der Lage auch größere Distanzen motorisiert zurückzulegen. Der Verbrauch des Viertakt-Motors war so gering, dass man mit einem Liter Treibstoff knapp 100 Kilometer zurücklegen konnte.

Prototypen der Cucciolo wurden bereits 1944 auf den Straßen entdeckt, das endgültige Modell wurde jedoch erst im Juli 1945 auf der Turiner Messe vorgestellt. Das ganze Projekt fand bei den Kunden so großen Anklang, dass entsprechend leistungsfähige Betriebsstätten gesucht werden mussten.
In der Anfangsphase wurden erste Lizenzen an Costruzioni Aeronautiche Novaresi in Cameri in der Nähe von Novara im Piemont gewährt, eine weitere Lizenz wurde den Etablissements Rocher in Frankreich erteilt. Im Juni 1946 wurden diese beiden Hersteller von Ducati, das sich inzwischen komplett saniert hatte, übernommen. In der chaotischen Nachkriegszeit war dieser kleine Motor über di-

verse Umwege so bei Ducati gelandet, das seine erste eigene Ausführung im September 1946 auf dem Mailänder Salon vorstellte. Der Erfolg dieses kleinen Aggregats machte den Aufstieg des Unternehmens zum Zweiradhersteller möglich.
Der 48 Kubik große Motor sollte billig, einfach und wirtschaftlich sein. Mit einer Verdichtung von nur 6,5:1 lief der auf 39 x 40 mm Bohrung x Hub ausgelegte Einzylinder mit seinem 9-Millimeter Vergaser problemlos und verkraftete klaglos das damalige Benzin schlechter Qualität. Interessanterweise wurden die 12 mm großen Ventile nicht über Stoßstangen betätigt, sondern öffneten mittels Kipphebel. Gestartet wurde, wie bei Mofas üblich, per Pedal und eingelegtem Gang. Zwei Fahrstufen standen zur Verfügung, geschaltet wurde über die Pedale.
Der Kupplungsgriff befand sich am Lenker. Zunächst wurde dem Gefährt ein Zwei-Gang-Getriebe verpasst. Die größte Veränderung gegenüber dem Ur-Motor bestand aber im Umbau des Zweitakt-Motors in einen Viertakter. Diese Lösung machte sich nicht nur auf der Straße bemerkbar, der Spritverbrauch wurde dadurch auf die sensationelle

Marke von einem Liter auf 100 gefahrene Kilometer gesenkt.

Die Cucciolo T1, welche in Bologna produziert wurde und zum bekanntesten Modell werden sollte, wurde so zum Star auf der ersten Mailänder Messe nach dem Krieg.

Der kleine Hilfsmotor war zunächst für den Einbau in einen Fahrradrahmen vorgesehen und als kompletter Einbausatz verkauft. Das Projekt wurde aber zügig weiterentwickelt und schon bald stand ein Fahrzeug mit eigenem Chassis zur Verfügung.

Nino Rastelli (Text) und Dino Olivieri (Musik) schrieben ein Lied für den Verkaufsstart, eine eingängige Melodie mit dem Titel »Ti Portero sul Cucciolo« (»Ich werde dich auf dem Cucciolo mitnehmen«), gesungen von Carla Boni, Giorgio Consolini und Gino. Die Worte des Chors »Se vuoi venir con me ti Portero sul Cucciolo, il motorino è piccolo ma batte come il mio cuor« (»Komm mit mir, ich werde dich auf dem Cucciolo mitnehmen, der Motor ist klein, aber er schlägt, wie mein Herz«) und eine darauf aufgebaute Werbekampagne trugen zum Erfolg des Einbaumotors bei. Im ersten Jahr wurden bereits 15.000 Einheiten verkauft.

Die erste Cucciolo-Serie entstand mehr oder minder in Absprache aus den Original-Teilen, ohne dass große Änderungen in der Serie vorgenommen wurden. Im Jahr 1948 entschied man sich bei Ducati, Herstellung und Entwicklung der Cucciolo voranzutreiben, was wiederum zur T2 führte, einem

Der von den Ducati-Brüdern in verschiedensten Ausführungen gebaute Cucciolo-Motor wird noch heute auf den verschiedenen Oldtimer-Messen angeboten.

TRASFORMAZIONE
LARIO... PER
CUCCIOLO... E
DUCATI 65.
DUCATI

verbesserten Modell, das sich durch einige kleine, aber dennoch entscheidende Änderungen von der T1 unterschied. Die Modifikationen vereinfachten einerseits den Herstellungsprozess und verbesserten andererseits das Leistungsvermögen und die Zuverlässigkeit. Die Cucciolo-Nachfrage war so groß, dass jetzt die zweite Generation gleich in zwei Ausführungen angeboten wurde, als Turismo oder Sport. Der Hubraum betrug immer noch 48 ccm, aber die Turismo hatte mit einer Verdichtung von 5,5:1 mit 0,8 PS etwas weniger Leistung als die Sport-Variante mit einer Verdichtung von 6,5:1, was der der T1 entsprach. Die Leistung betrug nun 1,2 PS bei 4250/min. Die Steuerzeiten waren moderat

Im Ducati-Museum kann man sehen, in welchem Lieferumfang der Umbaukit angeboten wurde. Motor und Tank konnten an einem Stück mit wenigen Handgriffen in einen Fahrradrahmen montiert werden.

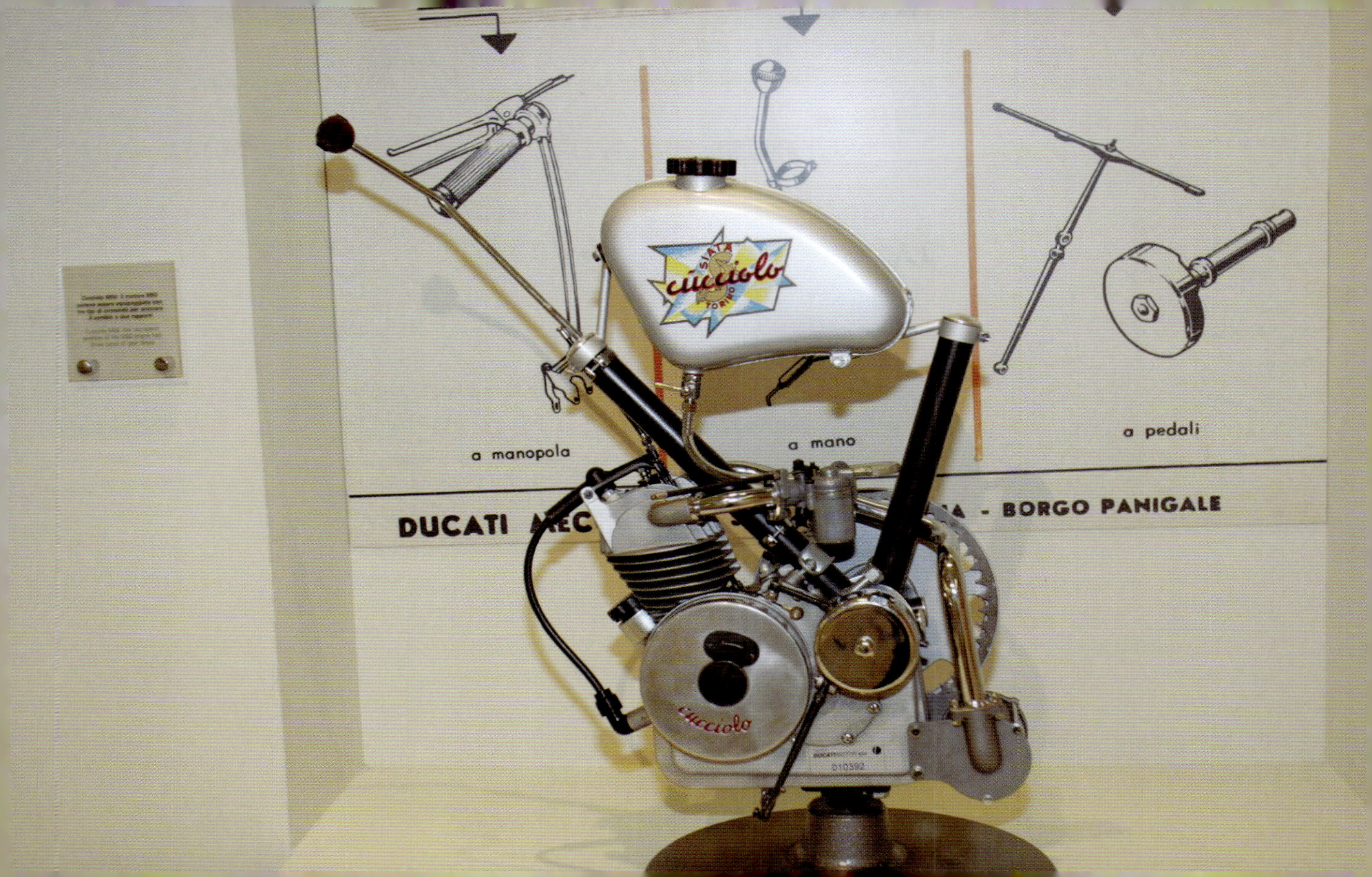
a manopola
a mano
a pedali
DUCATI
BORGO PANIGALE
SIATA
cucciolo
TORINO
cucciolo
010392

und nicht besonders exakt, da der Einlass zwischen 5 und 15 Grad vor dem oberen Totpunkt öffnete und schloss 25 bis 30 Grad nach dem unteren Totpunkt. Der Auslass öffnete 45 bis 35 Grad vor dem unteren Totpunkt und schloss 0-20 Grad nach dem oberen.

Mit den Änderungen in der Herstellung und auch der Verwaltung begann bei Ducati die Differenzierung des Angebots; das Unternehmen ergänzte seine Modellpalette ständig um weitere Varianten. Für Sparfüchse kam die Ausführung T0 mit Direktantrieb, und für Ambitionierte die Sport-Version T2 Sport mit höherer Leistung, die eine Höchstgeschwindigkeit von 60 km/h erreichte.

Damit einher ging auch eine rasante Preissteigerung, die allerdings ihre Ursache in der ständigen Abwertung der italienischen Lira in dieser Zeit hatte. Der Preis der Cucciolo kletterte von den 20.000 Lire der ersten Version auf 54.000 Lire im Jahr 1948. Der Nachfrage schadete dies dennoch nicht, zu dieser Zeit stiegen, dank struktureller Veränderungen, die Produktionszahlen auf 240 Einheiten pro Tag.

Renneinsätze trugen mit dazu bei, den kleinen Ducati-Motor, der schon bald in seiner Kategorie zum Star avancierte, populär zu machen. Den Konstrukteuren bot er ausreichend Entwicklungspotenzial. Der erste Sieg wurde auf der Giardini Regina Margherita in Bologna im Jahr 1946 eingefahren, andere wichtige Erfolge, wie beispielweise bei Bergrennen folgten. Die Cucciolo errangen Ausdauer- und Geschwindigkeits-Weltrekorde bei verschiedenen Wettbewerben in Buenos Aires im Jahr 1948 und in Monza zwischen 1951 und 1952. Zahlreiche weitere Erfolge gesellten sich dazu: erst waren es 12, dann 20 und dann 27, davon eine Auszeichnung für die Höchstgeschwindigkeit von 77,753 km/h für den Kilometer mit fliegendem Start.

Die ersten drei Jahre ist man der ursprünglichen Idee, den Hilfsmotor in einen Fahrradrahmen zu bauen oder als Komplettfahrzeug mit speziellem Chassis auszuliefern, treu geblieben. Bei der Internationalen Fahrradmesse und Motorrad-Ausstellung 1948 in Mailand wurde dagegen eine völlig neue T3-Version vorgestellt, die Ducati den offiziellen Einstieg in der Welt der Motorräder ebnen sollte. Die neue Einzylinder-Maschine stellte ein

Das zeitgenössische Foto zeigt den luftgekühlten Cucciolo-50-Kubik-Motor. Mit wenigen Neuerungen versehen, unterscheidet er sich nur marginal von heutigen Motoren.

kleines Motorrad dar, das in der Anfangsphase mit einem Fahrgestell mit Caproni-Federung ausgestattet wurde. Der erste Auftritt wirkte erwachsen, denn schließlich hatte man den Hubraum auf 60 ccm aufgebohrt, die Leistung betrug jetzt 2 PS; das brachte das Gefährt auf eine Höchstgeschwindigkeit von 50 km/h. Die frühen fünfziger Jahre waren wohl die besten Jahre für die Cucciolo. In dieser Zeit wurden über 500.000 Einheiten hergestellt, die in alle Herren Länder exportiert wurden.
Die letzte Weiterentwicklung der Cucciolo war die M55, die zwischen 1954 und 1958 produziert wurde. Mit Kurzschwinggabel vorn und gefederter Vollschwinge hinten wurden jetzt richtige Mopeds angeboten. Die Leistung hatte sich auf 1,35 PS erhöht, aber sinkende Verkaufszahlen führten zur Produktionseinstellung. Über zehn Jahre waren diese 50er hunderttausendfach gebaut worden und hatten, trotz fehlender Sportlichkeit, Ducati als Motorradhersteller etabliert. Nachdem sich aber die wirtschaftlichen Rahmenbedingungen auch in Italien so weit gebessert hatten, dass immer mehr Käufer mit einem Auto zu liebäugeln

begannen, erachtete man diese leichten Motorräder als nicht mehr zeitgemäß.
Nach Produktionsende erschien der Name Cucciolo erst wieder im Jahr 1998 auf einem kleinen Cagiva-Roller. Ducati gehörte in der Zwischenzeit zur Cagiva-Gruppe – das Fahrzeug hatte aber wenig gemein mit dem ursprünglichen Produkt. Ducati griff den Namen 2010 wieder auf, nachdem der Roller in der Versenkung versunken war. Man verwendet ihn heute für eine Maschine, deren Bestimmung sich deutlich näher an der Idee des Nachkriegsmodells orientiert: Damals ging es um möglichst geringe Kosten, heute um einen möglichst geringen Schadstoffausstoß – um die Null-Emissions-Entwicklung.

Viele Technik-Museen auf der ganzen Welt zeigen alte Modelle »Made in Borgo Panigale«. Hier die T3-Version der Cucciolo aus dem Jahr 1948.

DUCATI
PARKING
ONLY
66
DUCATI
13
DUCATI
125 cadet/4

DUCATI
CORSE

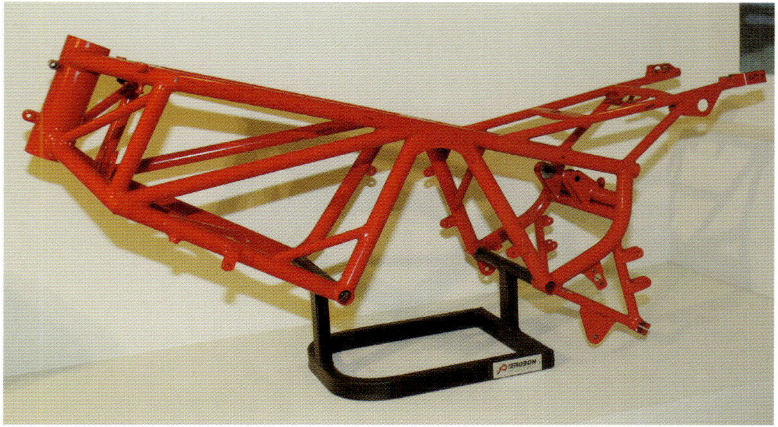

DIE BESONDERHEITEN: ZWEIZYLINDER-MOTOR, DESMO-NOCKENWELLE UND ROHRRAHMEN

Heute haben alle Ducati-Produkte eine eigene Identität. Obwohl jedes Modell sein eigenes Layout aufweist, gibt es einige gemeinsame Merkmale. Diese Details gelten weltweit als Stilelemente typisch italienischen Motorradbaus, den Ducati verkörpert wie kaum eine andere Marke. In seiner Art typisch ist zum Beispiel die Auslegung des Viertakt-Motors, für den sich Ducati entschieden hatte, als klar war, dass man im Motorradbereich weiterarbeiten würde. Und selbst der Cucciolo-Hilfsmotor aus dem in Borgo Panigale ansässigen Unternehmen zeigte schon 1946 deutliche Merkmale, die ihn von anderen Motoren seiner Zeit unterschieden. Während dieser Motor heutzutage weitgehend vergessen ist und seine Details nur noch Insidern geläufig sind, so gilt das doch nicht für viele andere Konstruktionen und Merkmale, für die das Unternehmen heute steht: den Gitterrohrrahmen, den L-Twin-Motor und vor allem die desmodromische Ventilsteuerung. Dieses spezielle System sollte die Ventile ohne den Einsatz von Federn steuern. Diese »fixe« Idee hatte Fabio Taglioni während seines Studiums fasziniert, und damit befasste sich aus seine Diplomarbeit. Doktor T., wie er genannt wurde, setzte das System der Zwangssteuerung im Motorradbau um, eine Konstruktion, die bislang nur Mercedes-Benz Mitte der 50er Jahre bei Grand-Prix- und anderen Sportfahrzeugen eingesetzt hatte.

Auf Basis des Bialbero-Motors – damals das Brot-und-Butter-Motorrad der Marke – entwickelte, vom Zylinderkopf abwärts, Taglioni in sehr kurzer Zeit seine 125 Desmo. Ihr Debüt gab sie beim Großen Preis von Schweden, der damals nicht zur WM zählte, am 15. Juli 1956. Es wurde zu einem der größten Triumphe von Ducati. Gianni Degli Antoni konnte mit seiner vollverkleideten Maschine nicht nur die 125er Klasse gewinnen, sondern überrundete das ganze Starterfeld. Und das war beileibe keine Spazierfahrt, da auch einige private MV und Mondial am Start waren. Diese erste Desmo war nicht viel schneller als die Bialbero. Sie leistete 17 PS bei 12.500/min, konnte aber ungefährdet bis zu 14.000/min gedreht werden, und das machte den Unterschied. Der einzige Nachteil dabei lag in der verkürzten Lebensdauer des Pleuellagers. Taglionis Lösung unterschied sich von den anderen, indem er drei Nockenwellen verwendete. Wie bei der Bialbero wurden die Ventile von den äußeren Nockenwellen geöffnet, geschlossen wurden sie aber von einer mittig platzierten Welle mittels Schleppgabeln. Die für das Schließen zuständige Welle wurde direkt von einer Königswelle getrieben, und davon wurden auch die beiden öffnenden Wellen gesteuert. Die 31 und 27 mm großen Ventile hatten den gleichen Durchmesser wie die der Bialbero, die desmodromische Steuerung erlaubte aber einen größeren Ventilhub, 8,1 mm für Einlass und 7,4 für den Auslass – der Bialbero-Motor hatte 7,5 bzw, 7,0 mm. Die Gemischaufbereitung erfolgte entweder über einen 27 mm-Dell'Orto-Vergaser (wie bei Bialbero) oder einen 29 mm-Vergaser für schnellere Strecken. Für enge Stadtkurse in Italien wurden manchmal Vergaser mit einem Durchlass von nur 23 oder sogar 22 mm eingebaut.

Eines der interessantesten Exponate im Ducati-Museum ist die 250-Kubik-Zweizylinder von Mike Hailwood; auf dem Sattel ist sein Original-Helm drapiert. Im Hintergrund ist der Apollo-Motor zu erkennen.

Zum ersten Mal wurde auch eine Doppelzündung verwendet, wie sie später bei allen Renn-Einzylindern und bei den Imola-Zweizylindern zu sehen war. Neben der üblichen 14-mm-Zündkerze befand sich neben dem Königswellenantrieb ein zweite 10-mm-Kerze. Dadurch konnte der Zündzeitpunkt von 42 auf 36 Grad vorgestellt werden. Die Zündung erfolgte über eine 6-Volt-Batterie und zwei 3-Volt-Zündspulen. Die Verdichtung betrug 10:1, und die unteren Motorteile waren zum größten Teil baugleich mit denen der Gran-Sport-Ducati. Das Getriebe

DUCATI
600
600
PANTAH

Zwei Vertreter aus den siebziger und achtziger Jahren, mit wechselndem Erfolg: Die Pantah 600 Straßenausführung und die 350 F3 in Rennausführung: Beide waren mit dem desmodromischen L-Twin-Motor und Rundrohrrahmen ausgestattet.

hatte meistens fünf Gänge, gelegentlich aber auch sechs. Da aber der Motorblock der Gran Sport nur Platz für vier bot, mussten die beiden zusätzlichen Zahnradpaare innerhalb der Kupplung im Primärantrieb untergebracht werden. Die Herkunft von der Straßenmaschine war noch am Blindstopfen für die Kickstarterachse zu sehen. Die linke Seite, dort wo sich bei der Gran Sport die Lichtmaschine befand, war frei.

Die Jungfernfahrt mit Gianni Antoni, der die Maschine pilotierte, bewies eindrucksvoll die Überlegenheit der neuen Technik, indem er eine volle Runde Vorsprung auf den amtierenden Vizeweltmeister herausfuhr. Damit war klar, dass von diesem Tag an alle Ducati-Motoren auf die neue Desmo-Technik umgerüstet werden würden. Im Laufe der Zeit hat sich der Einsatz des Systems überholt. Bis zu den Modellen des Jahres 1979 wurden die Ventile über zwei Kegelräder gesteuert, seit dem Pantah-Motor kommen die leiseren Zahnriemen zum Einsatz.

Die Idee, einen Zweizylinder-Motor zu bauen, entstand im Jahre 1970 – es war an der Zeit, zu einem eigenen charakteristischen Zweizylinder-Motoren-Layout zu finden. Harley-Davidson, BMW und Moto Guzzi hatten bereits eine fertige Lösung parat, und so wurde Taglioni beauftragt, eine eigene Lösung zu finden. Das Projekt sollte unbedingt im eigenen Haus abgewickelt werden. Zunächst hatte man an eine »Halbierung« des Vierzylinders aus dem unglücklichen, für die USA geplanten und dann doch verworfenen Apollo-Prototyp gedacht, jedoch wurde dieses Projekt nicht weiter verfolgt. Der Vollblut-Techniker Taglioni bevorzugte für seine Konstruktion eine 90-Grad-Auslegung. Er spreizte die Zylinder allerdings nicht so weit wie etwa Moto Guzzi bei seinen Rennmaschinen, weil Taglioni einen perfekten Ausgleich der Primärvibrationen zu erlangen suchte. Dank dieses Zylinderwinkels entwickelte der Motor schon bei niedrigen Drehzahlen eine hohe Laufruhe, lediglich in höheren Drehzahlbereichen traten einige hochfrequente Sekundärvibrationen auf. Und mit der kurzen Kurbelwelle entstanden außerdem kaum Kippreaktionen. Theoretisch war der Zweizylinder

Ein Bild, das die Ducati-Philosophie verdeutlicht: der Zweizylinder-Motor in einem einfachen Rohrrahmen. In derselben Ausführung wurden die Triebwerke auch in Rennmaschinen eingebaut.

OXFORD
DUCATI MECCANICA
BOLOGNA

DUCATI
600TL
DUCATI
MICHELIN

Bei Ausstellungen oder historischen Rallyes sind Ducatis öfter dicht umlagert, obwohl sie aus kommerzieller Sicht nicht immer erfolgreich waren.

Das Ducati-Museum in Borgo Panigale beherbergt all jene Kronjuwelen, die aus der Produktion kamen: links der Einzylinder-Motor der Marianna, rechts der Vierzylinder der Apollo.

auch kaum breiter als ein Einzylinder, und der Motor konnte deshalb tief in den Rahmen eingebaut werden, ohne die Schräglagenfreiheit zu beeinträchtigen. Die Kühlung des hinteren Zylinders stellte ein geringeres Problem dar; die größten Sorgen bereiteten die Vergaserplatzierung und Schaffung einer

einheitlichen Einlasslänge und -Form bei beiden Zylindern.
Taglionis zweiter Entwurf war genau einen Monat später fertig, am 20. April 1970, und hier errechnete er eine mögliche Leistung von 80 PS bei 9200 Umdrehungen für die 750er. Der liegende Zylinder sollte, von der Horizontalen aus gesehen, exakt im 15-Grad-Winkel nach oben stehen, wie bei der Apollo. Praktisch unmittelbar darauf wurde mit dem Bau des Prototyps begonnen. Der Motor lief innerhalb von zwei Monaten; ein komplettes Motorrad drehte schon im August die ersten Runden. Das erste Exemplar hatte eine 250 mm messende Doppel-Duplex-Fontana-Vorderradbremse und nach vorn verlegte Fußrasten. Bei einem späteren Prototyp kam die Vorderradbremse aus der Einzylinder-Scrambker zum Einsatz, eine weitere Versuchsausführung verfügte über eine Doppelscheibe. Dieses Motorrad stand auf der Olympia Show in London im Januar 1971. Die erste Ausführung hatte zwei 29-mm-Vergaser Dell'Orto SS1 mit getrennten Schwimmerkammern, die späteren Prototypen aber 30 mm Amal 930 Concentric. In der Serie wurde zweigleisig gefahren: für den Rennsport gab es eine 500er, für die Straße trug die Maschine die Bezeichnung 750. An der grundsätzlichen Auslegung änderte sich dann nichts mehr, wohl aber folgten zahlreiche Weiterentwicklungen, nicht nur bei der Ventilsteuerung, sondern auch der Zylindergestaltung. Im Jahr 1985 kam ein flüssigkeitsgekühlter Vierventil-Zweizylinder-Motor für die Superbike-Rennen; 2006 ein Motor mit drei Ventilen je Zylinderkopf. Das neueste technische Detail, für das Ducati bis heute steht, stellte der Gitterrohrrahmen dar – und der hielt im Jahr 1978 zum ersten Mal in der Pantah-Serie Einzug in die Serienproduktion. Er überzeugte durch seine Stabilität und ließ auch bei der Verwendung von Stahl statt leichteren Materialien wie Aluminium-Legierungen oder moderneren Composite-Fasern eine Reduzierung des Gesamtgewichts zu. Neben diesen Eigenschaften spielt die Rahmenform, vor allem in der Monster-Serie, auch eine ästhetische Rolle. Auch die offizielle Werksrennmaschine, die Desmosedici, die in den Läufen der Moto-GP-Weltmeisterschaft zwischen den Jahren 2003 und 2008 eine Macht war, trug den charakteristischen Gitterrohrrahmen.

Cruiser

Modelle weit vor der Zeit: vom Cruiser-Roller bis zum Apollo-Motorrad

Cruiser

Cruiser

Cruiser

Mehr als einmal in den vergangenen 60 Jahren musste sich Ducati den Launen des Marktes beugen, was den Produkten nicht immer gut getan hat. Die meisten Flops wurden aber nicht technischen Mängeln zugeschrieben, sondern man redete sich ein, dass man mit einigen Entwicklungen seiner Zeit weit voraus und die Motorradwelt noch nicht reif für diese Konzepte war. Das gravierendste Beispiel war der Cruiser, ein Roller, der seiner Zeit um mindestens 45 Jahre voraus war, sagten die Ducatisti. Der Cruiser sollte direkt mit Vespa und Lambretta konkurrieren. Nach zweijähriger Entwicklungszeit wurde der Roller 1952 auf der Mailänder Messe vorgestellt. Es war der erste Roller mit Viertaktmotor und er verfügte über einen obengesteuerten 7,5 PS starken 175-ccm-Motor, den Fioro entwickelt hatte. Mit liegendem Zylinder, Elektrostarter, Automatikgetriebe, hydraulischer Kupplung, Triebsatzschwinge und einer Blinkeranlage war der Cruiser zu diesem Zeitpunkt der aufwendigste Roller

Die Linienführung des Cruiser-Rollers war vielleicht Impulsgeber für das heutige Scooter-Design. Dennoch entwickelte sich das ehrgeizige Rollerprojekt zu einem Fehlschlag – eventuell war man hier bei Ducati seiner Zeit weit voraus.

Italiens und wurde als die interessanteste Neuvorstellung der Messe bezeichnet. Bei der Entwicklung orientierte man sich aber zu sehr am Motorradbau. Durch seinen Viertakt-Motor war er wesentlich serviceaufwendiger als die Konkurrenz und sein verhältnismäßig hohes Gewicht machte ihn zudem noch unhandlich. Mit einem Liter Benzin konnte man eine Strecke von 30 Kilometern zurücklegen – noch heute ein sparsamer Verbrauch, in der damaligen Zeit war dieser Umstand jedoch noch kein Thema. Trotz aller Qualitäten konnte sich der Ducati-Roller gegen die starke Konkurrenz von Lambretta und Vespa nicht durchsetzen. Der relativ hohe Preis von 320.000 Lire konnte den Umstand, dass der Luxuswagen-Hersteller Ghia die Karosserie gebaut hatte, nicht wettmachen. Die Marketingabteilung zielte außerdem in seinen Werbekampagnen auf eine weibliche, mondäne Zielgruppe ab, was jedoch auch nicht wirklich funktionierte. Innerhalb von zwei Jahren – 3.000 Einheiten wurden gebaut – ließ man das Projekt in der Versenkung verschwinden, die erste Fehlentwicklung von Ducati. Und es sollte nicht die einzige bleiben ...

Zehn Jahre später ließ man sich bei Ducati auf ein weiteres Abenteuer ein. Die Berliner Motor Corporation, der US-Importeur von Ducati, forderte 1957 ein hubraumstarkes Vierzylinder-Motorrad, um mit den US-Behörden ins Geschäft zu kommen. Der amerikanische Markt gewann in dieser Zeit zunehmend an Bedeutung, deshalb hatte Firmenchef Joe Berliner bedeutenden Einfluss auf die Firmenleitung

Der Blick unter das Cruiser-Blechkleid zeigt deutlich den modernen Rohrrahmen und den geneigt eingebauten Motor, der seine Kraft direkt an das Hinterrad abgibt.

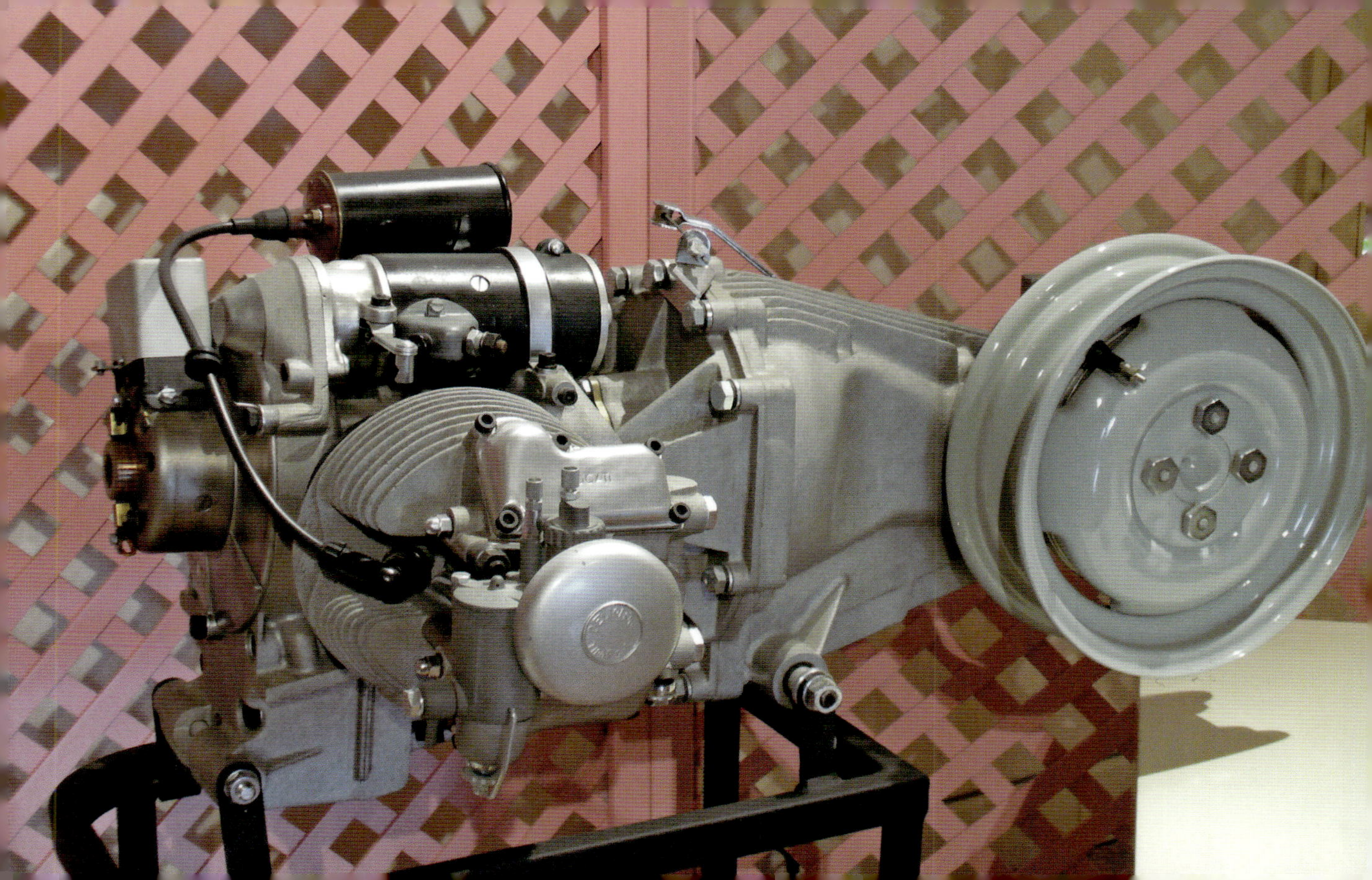

Die Optik und der kraftvolle Vierzylinder-Motor der Ducati Apollo, zeigen einen großen Cruiser im Stil zeitgenössischer Harley-Modelle. Das Projekt war eine Totgeburt – das erhoffte Behördengeschäft kam niemals zustande.

in Bologna. Die IRI – Ducati war immer noch im Staatsbesitz – genehmigte das Projekt »APOLLO«, nachdem Berliner zugesagt hatte, die Hälfte der Entwicklungskosten zu übernehmen. Ende 1963 war dieser Über-Hammer fertig, etwas ganz Neues für einen Hersteller, der sich bis jetzt nur mit Motorrädern bis zu 250 ccm Hubraum beschäftigt hatte. Zugleich war dieser Vierzylinder auch das größte Motorrad eines europäischen Herstellers seit dem Zweiten Weltkrieg.

Es war ein typisches Produkt aus Taglionis Feder, einfach brillant: Im Prinzip handelte es sich um zwei zusammengekuppelte 90-Grad V-Zweizylinder. Um den V4-Motor so kompakt wie möglich auszulegen, war der Hub sehr kurz, das Verhältnis von Bohrung und Hub von 84,5 x 56 mm galt für die damalige Zeit als extrem. Es betrug 1,5:1, war kleiner als bei jeder anderen Ducati davor oder danach, mit Ausnahme der Renn-926 von 1993. Die Apollo hatte auch die unterschiedlichen Kühlrippen für die liegenden und die stehenden Zylinder, wie später sie auch die 750er V-Zweizylinder und die Pantah aufwiesen. Jeder mögliche Vorteil eines V4-Konzeptes wurde berücksichtigt, und das Kurbelgehäuse war nur 483 mm breit. Die Ventilsteuerung erfolgte nicht über eine obenliegende Nockenwelle, sondern nutzte die eher biederen Stoßstangen der einfachen Einzylinder. Die übrigen Eckdaten deuteten auf eine Konstruktion hin, bei der an nichts gespart wurde: Fünfganggetriebe, Marelli-Anlasser, Duplexkette zum Hinterrad und Ceriani-Federelemente vorn und hinten. Der Radstand fiel für ein so großes Motorrad mit 1537 mm sehr moderat aus; das Trockengewicht betrug 270 Kilo. Bei den ersten Probefahrten im Hochgeschwindigkeitsoval traten jedoch gravierende Probleme auf. Die Pirelli-Bereifung begann sich bei Geschwindigkeiten über 160 Km/h durch die ungewöhnlich hohe Geschwindigkeit und das hohe Fahrzeuggewicht aufzulösen. Kein Reifenhersteller konnte dieses Problem lösen. Man überlegte noch, das Fahrzeug zu drosseln, doch dann wäre es im Leistungs-/Gewichts-/Preisverhältnis nicht mehr konkurrenzfähig gewesen.

Zwei Ausführungen der Apollo sollten erscheinen, eine mit zwei Dell'Orto-Vergasern, einer Verdichtung von 8:1 und einer Leistung von 80 PS bei 6000/min.

Ducati Apollo (V4-1260cc) 1963

Die zweite war etwas sportlicher, mit vier Dell'Ortos und 100 PS bei 7000/min. Leider verkraftete der 5.00-16 Pirelli-Weißwand-Hinterreifen weder die eine noch die andere Leistung, sie musste auf 65 PS gedrosselt werden. Die Apollo allerdings wurde deswegen nicht leichter. So in der Leistung beschnitten, hatte das Ducati-Dickschiff keine Chance gegen die Konkurrenten von Harley-Davidson und BMW. Berliner tat sich schwer, das Konzept an die Behörden zu verkaufen. Nur ein einziges Exemplar und ein zweiter Motor überlebten.
Ein weiteres ehrgeiziges Projekt führte zur Entwicklung eines 500-ccm-Parallel-Twin-Motors, den Anstoß dazu gab ebenfalls der Exporteur Berliner. Die Ducati-Techniker hatten an dieser Art Motor bereits in den 50er Jahren gearbeitet, um die Palette der Einzylinder-Maschinen zu erweitern. Das Halbliter-Modell wurde im März 1965 bei der Daytona-Show, direkt im Anschluss an den Großen Preis der USA, vorgestellt. Man könnte nicht behaupten, dass das Motorrad besondere Beachtung fand, zumal es mit 190 Kilogramm ziemlich gewichtig ausfiel. Und die Fahrleistungen waren auch nicht berauschend. Der Stoßstangen-Paralleltwin mit 497 ccm Hubraum (74 x 57,8 mm) war überquadratisch ausgelegt und ähnelte in dieser Hinsicht der 15 Jahre später gebauten Pantah. Auch in anderer Hinsicht war die Konstruktion ihrer Zeit voraus, etwa im elektrischen Anlas-

Die Apollo sieht nach heutigem Geschmack immer noch imposant aus. Aber auf Grund ihres enormen Gewichts, vor allem das des Motors, wurde die Maschine leider nie in Serie gefertigt.

Im Vergleich zu den ersten Ducati-Modellen (rechts) war die Apollo (oben) ein Gigant.

ser und dem Fünfganggetriebe. Bestückt mit zwei 27-mm-Dell'Orto-SS1-Vergasern, lag die Leistung von 40 PS bei 6000/min an. Verzögert wurde über eine doppelt wirkende Duplex-Trommelbremse im 19-Zoll-Vorderrad, ein 19-Zöller drehte sich auch hinten. Das Projekt stieß bei Taglioni allerdings auf wenig Gegenliebe und ging deshalb nicht in Produktion.

Eine zweite Version kam drei Jahre später und war mit 177 Kilo erheblich leichter, aber auch dieses Modell fand wenig Anklang seitens der Händlerschaft und ging ebenfalls nicht in Serie. Merkwürdigerweise wurde das Konzept sieben Jahre später noch einmal aus der Versenkung geholt, ohne dass sich am Misserfolg etwas änderte.

Tagiloni konstruierte, davon abgeleitet, noch einen Zweizylinder mit 700 ccm Hubraum, und von diesem existierten immerhin Prototypen. Das Motorrad sollte bei den italienischen Carabinieri die Nachfolge der Moto Guzzi Falcone, einer Einzylinder-Maschine, antreten und entstand 1967 in zwei Versionen. Die Sportausführung hatte einen kettengetriebenen Dohc-Motor und sollte bei 7500/min 80 PS leisten. Die Polizeiausführung hatte 70 PS bei 6500 Umdrehungen. Leider entwickelte dieser Zweizylinder enorme Vibrationen, doch um ihn zur Serienreife zu bringen, dazu fehlte die Kapazität: Ducati war damit beschäftigt, die Ohc-Einzylinder zu renovieren, und es gab keine Kapazitäten, um den Bau der neuen Zweizylinder anzuschieben.

Die ersten Parallel-Twin-Ducati erschienen in den frühen 70er Jahren in Gestalt der GTL-Serie, die aus einer 350er und einer 500er bestand, die aber ebenso wie ihre Vorgänger nicht wirklich von den Käufern akzeptiert wurden. Diesmal lag es nicht daran, dass die Maschinen zu modern gewesen wären, sondern dass sie meilenweit von der klassischen Ducati-Linie entfernt waren. Der Versuch, weitere Marktanteile zu gewinnen, führte 1978 zur Ablösung der GTL durch die GTV, eine 500 Sport Desmo mit Ventilfedern. Auch sie war mit 350 ccm lieferbar. Die Sport Desmo mit GTL-Triebwerk war recht vielversprechend, aber die Parallel-Zweizylin-

Der 125er-Gran-Sport-Motor der Ducati Marianna.

DUCATI
125 cc.
Gran Sport

der hatten zu viele mechanische Probleme. Defekte Kurbelwellen und kurzlebige Ventilmechanismen gehörten dazu, sie suchten alle Modelle der Baureihe heim. Die GTL hielt sich bis 1978, die Sport bis 1980, mit nur wenigen Änderungen an Instrumenten und Armaturen, analog zu denen der 860/900 GTS. Nach einer Pause von drei Jahren wurden 1983 noch 67 Halbliter-Desmo Sport für Australien gebaut.

Während man bei Ducati in den 70er Jahren weit davon entfernt war, seine klassische Linie wieder zu finden und entsprechend Marktanteile zu sichern, ritt das Unternehmen seit geraumer Zeit recht erfolgreich auf der Enduro-Welle mit. Dabei handelte es sich meist um Zweitakt-Motorräder, die sich im unwegsamen Gelände wohlfühlten, aber auch Straßenzulassung hatten. Die Woge hatte weltweit eine Menge kleiner Hersteller auf den Plan gerufen – auch Ducati schwamm auf dieser Welle mit. 1961 beschloss man bei Ducati eine Reihe von Mofas, Mopeds und Kleinkrafträder mit Zweitaktmotoren einzuführen und startete mit 50-ccm-Modellen. Man entschied auch, die Motoren selbst zu entwickeln, anstatt diese von Motorherstellern zuzukaufen – ein Fehler, denn Eigenentwicklungen kosten Zeit. Als die erste Enduro dann endlich fertig war, kam sie zu spät. Bereits bei der Markteinführung der Regolarita 125 war sie bereits veraltet. Die Leistung des Motors wurde zwar gelobt, jedoch das Erscheinungsbild und die magere Ausstattung waren nicht überzeugend – außerdem wog das Gefährt zu viel. Einziges positives Merkmal war der niedrige Preis, dieser jedoch war für die Käufer allein nicht ausschlaggebend. Der Absatz verbesserte sich zwar leicht, als man den italienischen Motocross-Weltmeister, Italo Forni, ins Boot holte, jedoch wurde die Enduro-Produktion noch vor dem Erreichen der 4.000-Einheiten-Marke eingestellt.

Die Mach 1, Ducatis erstes Spitzenmodell von 1965: Der Motor war integrierter Bestandteil des Rahmens. Unter den Einzylindern war sie mit einer Höchstgeschwindigkeit von 175 km/h die Schnellste

1955
1957
1958
1959
1960
BO 6
2551
192
4

Die REKORDE

MCN awards
La moto dell'anno 2000
2001

In den frühen 50er Jahren versuchten alle Motorrad-Hersteller, in den einzelnen Segmenten die Oberhand zu gewinnen. Dabei war der Motorsport das wichtigste, weil imageträchtig und im besten Fall auch von internationaler Bedeutung. Neben den klassischen Straßen- und Rundstreckenrennen spielten daher bei allen Produzenten Versuchs- und Rekordfahrten eine bedeutende Rolle, so auch bei Ducati. Während andere Hersteller sich auf die Weiterentwicklung bereits fertiger Maschinen fokussierten, musste sich Ducati mit dem begnügen was vorhanden war, der Cucciolo nämlich. Trotz geringerer Leistung demonstrierte man in den Wettbewerben der Klasse 1 (bis 50 ccm), dass man das Zeug zum Rennerfolg hatte. Positive Ergebnisse ließen dank Ugo Tamarozzi, einem nicht mehr ganz jungen Fahrer aus Brianza, nicht lange auf sich warten. Er wusste das Potenzial der kleinen Maschine voll auszunutzen. Unter vielen Geschwindigkeits- und Ausdauerläufen ist einer besonders hervorzuheben: am 5. März 1950 fuhr die kleine Cucciolo mit einem Tankstopp sechs Stunden am Stück, eine Strecke von 55 Kilometer mit nur einem Liter Benzinverbrauch. Am 16. Mai des gleichen Jahres erreichten Tamarozzi zusammen mit seinem Co-Piloten Glauco Zitelli beim 12-Stunden-Langstreckenrennen Erfolge. Acht Rekorde wurden hier eingefahren, wobei auch hier eine Leistung besonders ins Auge sticht – am Ende der zwölften Stunde erreichte man eine Durchschnittsgeschwindigkeit von 67,156 km/h. Die Versuchsreihe wurde am 13. November dieses Jahres abgeschlossen und ein 48-Stunden-Rekord vorbereitet. Zu dieser Rekordfahrt bildete man ein Team aus Tamarozzi und Zitelli von Ettore Miani, Alberto Farne, Aldo Caroli, Gaetano Pennati und Salvatore Sozzani. Trotz schlechter Wetterbedingungen wurden die bestehenden Rekorde gebrochen, man erreichte Spitzengeschwindigkeiten von bis zu 76 Stundenkilometern. Ebenfalls erreichte man bei den 24-Stunden-Langstreckenrennen

Die Vitrine im Ducati Museum ist prall gefüllt mit Pokalen und Auszeichnungen, die alle von Wirtschafts- und Fachmagazinen für die innovativen Entwicklungserfolge des Motorradherstellers aus Borgo Panigale verliehen wurden.

Das Ducati-Museum beherbergt wahre Schätze. Oben ist die 900er abgebildet, mit der Mike Hailwood in die Welt des Motorsports zurückfand und die TT-Meisterschaft im Jahr 1978 gewann. Auf der rechten Seite die 100er Gran Sport von Mario Carini und Sandero Ciceri mit dem Spitznamen »Siluro«, die in Monza für Ducati Ende 1956 nicht weniger als 46 Weltrekorde einfuhr.

WON Nº 46 WORLD RECORDS IN MONZA
DUCATI
100 SPORT

Durchschnittsgeschwindigkeiten, wie man sie aus 100-ccm-Kategorie kannte.
Fabio Tagliono, der in der Rennabteilung von Mondial gearbeitet hatte, wurde in die Entwicklungsabteilung geholt. Seine erste Aufgabe bestand darin, für die wichtigen Straßenrennen Mailand-Tarent und den Giro d'Italia ein Siegermotorrad auf die Räder zu stellen. Taglioni machte sich an die Arbeit und konstruierte einen ganz neuen Motor mit Königswelle, der nicht nur eine konkurrenzfähige Rennmaschine antreiben, sondern auch als Basis für spätere Entwicklungen dienen sollte.
Diese 100-ccm-Gran Sport mit dem Spitznamen »Marianna« – sie hatte eine torpedoförmigen Verkleidung aus der Feder eines Luftfahrtingenieurs – war auf Anhieb ein Erfolg und legte den Grundstein zu einer Reihe von Einzylindern, die über zwei Jahr-zehnte gebaut wurden.
Im Februar 1955 testete den Prototyp der Gran Sport an der Rennstrecke Modena. Ein Monat später erfolgte die offizielle Vorstellung, und nur Wochen danach fieberte ein ganzes Team dem Start bei der Giro d'Italia entgegen. Ducati-Pilot Gianni Degli Antoni siegte bei diesem neuntägigen Rennen mühelos in der 100er Klasse mit einem Durchschnitt von 98,90 km/h: Das Debüt der Gran Sport war noch besser verlaufen als sogar Fabio Taglioni erwartet hatte.
Die Erfolgsgeschichte der Marianna setzte sich auch im Rennen Mailand-Tarent fort. Noch 1955 siegte Degli Antoni in seiner Klasse nach 1400 Kilometern mit einem Schnitt von 103,172 km/h. Das ging so weiter bis 1958, dann wurde die 100er Klasse gestrichen, in erster Linie wegen der Überlegenheit der Gran Sport. Glücklicherweise hatte Taglioni immer schon eine größere Variante seiner Konstruktion zum Einsatz bringen wollen, bereits vor Mailand-Tarent 1955 hatte er einen 125er Prototypen fertig.
Bei diesem Motor handelte es sich lediglich um einen aufgebohrten 100er-Motor, Zylinderbohrung jetzt 55,3 mm. Mit einem 22-mm-Vergaser lieferte der Motor 12 PS bei 9800/min. Die 125er unterschied sich nur geringfügig von der 100er, hatte allerdings 18 Zoll-Räder und größere Trommelbremsen. Beide wurden auch 1956 hergestellt, mit

Die Wände im Ducati-Museum zieren viele Fotos aus den guten alten Zeiten, den Jahren, in denen Rennen noch auf öffentlichen Straßen ausgetragen wurden.

DUCATI 125
DUCATI

Die Renn-Motorräder des Herstellers aus Bologna stehen herausgeputzt im Museum. Bei Oldtimer-Rennen werden sie mitunter jedoch mit großem Aufwand wieder aktiviert und kommen tatsächlich zum Einsatz.

DUCATI
elf
PIRELLI

geringfügig höherer Leistung – 12 PS für die 100er und 14 PS für die 125er.
Die Erfolgsgeschichte ging weiter, und 1956 konnte Giuliano Maoggi mit seiner 125er beim Giro d'Italia den Gesamtsieg feiern. Beim letzten Mailand-Tarent gingen die Siege an die 100er und 125er Gran Sport, Alberto Gandossi gewann bei den 100ern mit 99,744 km/h, Degli Antoni bei den 125ern mit 103,176 km/h. Wie erwartet, kam 1956 eine größere Gran Sport, diesmal mit 175 ccm. Dieser Motor hatte eine größere Bohrung und mehr Hub (62 x 57,8 mm), er lieferte 16 PS bei 9000/min. Er diente als Prototyp für die Serienmodelle 175 Bialbero von 1957 und die späteren Formula-3-Modelle. Taglionis Einfluss machte sich jetzt auch bei allen Ohv-Modellen bemerkbar, sogar bei der ersten sportlichen Serienmaschine von Ducati, der 98 S von 1953. Für das Modelljahr 1956 erhielt dieses Modell eine kleine Cockpit-Verkleidung und Gesellschaft durch eine Variante mit einem Einschleifen-Rohrrahmen. Die Modelpalette umfasste nun drei 65-ccm-Modelle (65T, TL und TS) und vier 98er (98N, T, TL und S), plus der 125TV.
Die Dominanz der 100 Gran Sport in ihrer Klasse wurde im November 1956 noch einmal unterstrichen, als die vollverkleidete Privatmaschine von Mario Carini und Sandro Ciceri in Monza 44 Weltrekorde aufstellte. Abgesehen von einem 25-mm-Dell'Orto-Vergaser war der Motor original, die Maschine schaffte erstaunliche 171,910 km/h. Über die Strecke von 1.000 Kilometern bewies sie ebenfalls Standfestigkeit, und das mit einem Durchschnitt von 154,556 km/h.
All diese Rekorde waren der Leidenschaft aller Beteiligten zuzuschreiben. Die Beamten der staatlichen Kontrollstelle, die damals Ducati verwalteten, zeigten sich jedoch ziemlich emotionslos. Für die 100.000 Lire, die Tamarozzi aus der eigenen Tasche für die Überarbeitung des Cucciolo-Motors und für Preisgelder vorgestreckt hatte, bekam er eine Dose Motorenöl und eine Ducati-Kamera als Anerkennung.

Das Motorrad auf der linken Seite gewann niemals irgend ein Rennen, die Spikes in den Reifen erlaubten aber den Start bei Eisrennen. In Verbindung mit dem Knieeinsatz des Fahrers waren auch enge Kurven im Speedway-Oval kein Problem. Nur zehn dieser Speedway-Maschinen wurden gebaut.

FABIO TAGLIONI HÄLT DUCATI AM LEBEN

1967
1969
1970
1971
1972
1974
1976
1977
1978
DUCATI
DUCATI
DUCATI 999

Die Geschichte Ducatis ist eng mit dem Leben einer Person verknüpft, ohne ihn würde man den Firmennamen heute ausschließlich noch in den Geschichtsbüchern finden. Der Arbeitsantritt von Fabio Taglioni in dem in der Borgo Panigale ansässigen Unternehmen markierte einen Wendepunkt in mehr als einer Hinsicht. Seine Einstellung galt als letzter Ausweg vor der Schließung des Unternehmens im Jahr 1954.
Geboren wurde er am 10. September 1920 in Lugo di Romagna, sein Studium schloss er als Ingenieur an der Universität in Bologna mit einer Arbeit über ein 250-ccm-Kompressor-Renn-Motor mit desmodromisch betätigter Nockenwelle ab. Bei Mondial arbeitete er seit 1943 als Motorenkonstrukteur in der Rennsportabteilung, wo er für die Entwicklung der 125- und 175-ccm-Renn-Motorräder zuständig war. Ein Lapsus, man hatte vergessen ihn zur Siegesfeier der Motogiro d'Italia einzuladen, hatte ihn so sehr verärgert, dass er bereit war, Mondial zu verlassen. Viele Unternehmen hatten ihm prestigeträchtige Jobs angeboten, schließlich schaffte es der Ducati-Generaldirektor Giuseppe Montano, Taglioni 1954 abzuwerben. Montano hatte bereits früh erkannt, dass es sich bei Taglioni um einen äußerst kreativen und fähigen Kopf handelte. Er beauftragte ihn, eine 100-ccm-Maschine, die bei der nächsten Motogiro d'Italia gewinnen konnte, zu entwickeln. Dies war der einzige Ausweg, das angeschlagene Unternehmen zu retten – Geld für die Löhne der Mitarbeiter war nur noch für einen Monat vorhanden. Damals trugen die großen Straßenrennen wesentlich zum wirtschaftlichen Erfolg eines Motorrad-Herstellers bei. Taglioni nahm

Loris Capirossi, der vor kurzem seinen Rücktritt aus dem Renngeschehen verkündet hat, war seit jeher das Aushängeschild des Herstellers aus Borgo Panigale. Hier präsentiert er sich mit der 999er den Fotografen im Ducati-Museum.

die Herausforderung an, ohne jemals über seine Vergütung gesprochen zu haben.
Die »Waffe«, eine 100er Sportmaschine, die eines der härtesten damals bekannten Rennen gewinnen sollte, wurde von den Ducatisti »Marianna« genannt und von Taglioni mit geringsten finanziellen Mitteln in Rekordzeit auf die Räder gestellt. Mit diesem Motorrad mit einer Kegelrad angetriebenen Nockenwelle schuf er einen Meilenstein, der Ducati wieder einen Namen gab, und ein System der Ventilsteuerung, das bis in die frühen 80er Jahre produziert werden sollte. Das Motorrad gewann bis 1958 einen Wettbewerb nach dem anderen, was nicht nur Ruhm und Ehre einbrachte, sondern vor allem den Abverkauf von privaten Maschinen puschte und Entwicklung und Produktion wieder ans Laufen brachte. Sein Senkrechtstart an die Spitze der Technischen Abteilung Ducatis brachte ihm bei Marken-Loyalisten den Beinamen »Dr. T.« ein und befähigte ihn neue und einzigartige Motorräder zu konstruieren. Durch den Einsatz der von ihm entwickelten Desmodromik zur Zwangssteuerung der Ventile, an deren Erfolg er fest glaubte, und durch die Wahl des typischen L-Twin-Motors, war der geniale Konstrukteur bis 1995 im Unternehmen allgegenwärtig.
Nach zahlreichen Einzylindern konstruierte Taglioni 1963 auch die vierzylindrige Apollo mit 1260 ccm großem V-Motor, welche – wie bereits berichtet – als Polizeimotorrad den großen Harley-Davidson Konkurrenz bieten sollte. Sie ging letztlich nicht in Serienproduktion, legte mit ihrer ungewöhnlichen Zylinderanordnung aber die Grundlage für die Entwicklung eines zweizylindrigen V-Motors mit einem in Fahrtrichtung liegenden und einem stehenden Zylinder, der Taglioni den Ruf eines genialen Konstrukteurs einbrachte und für Ducati typisch wurde. Diese nur bei Ducati zu findende Zylinderanordnung ermöglichte durch die kleine Stirnfläche hohe Endgeschwindigkeiten und gewährleistete dennoch die zuverlässige Luftkühlung beider Zylinder. Der für den Massen-ausgleich optimale Zylinderwinkel von 90 Grad minimierte die Vibrationen des Motors.
Taglionis letzte in Serienproduktion gegangene

Zwischen Geschichte und Gegenwart liegen im Konstruktionsbereich Welten. Heute werden Rennmaschinen mit Vierzylinder-V-Motoren per Computer mit Unterstützung von CAD-Programmen konstruiert, Taglioni hingegen benötigte dazu lediglich ein Reißbrett und einen Bleistift.

Entwicklung war die 1977 vorgestellte Pantah-Baureihe, die sich durch eine wartungsärmere und weniger aufwendigen Antrieb der Ventilsteuerung mittels Zahnriemen statt Königswellen auszeichnete. Der später weiterentwickelte Motor mit zwei Ventilen pro Zylinder wurde bis zum Ende des Jahrhunderts verbaut.
Auch nach seiner Pensionierung war er mit dem Unternehmen Ducati eng verbunden und lehnte diverse Angebote anderer Motorrad-Hersteller ab, auch Automobilhersteller wie Ford oder Ferrari suchten vergeblich seinen Rat.
Die letzte Hommage an »Dr. T.« fand im Jahr 2000 bei der »World Ducati Week« in Misano statt. Dort wurde er von dem Motorengebrüll hunderter Desmo-Motorräder, die unterhalb des Podiums standen, lautstark begrüßt. Am 18. Juli 2001 verstarb Taglioni in Bologna.

Fabio Taglioni verkörperte eine ganz Ära in der Ducati-Geschichte: Geboren 1920 in Lugo di Romagna, hatte er bereits »Motoren« im Blut. Bei Ducati wurde er liebevoll »Dr. T.« genannt. Seine Arbeit brachte dem Hersteller aus Bologna Ruhm und Ehre ein. Auch nach seinem altersbedingten Ausscheiden aus der Firma arbeitet er beratend für das Unternehmen weiter, obwohl zahlreiche Wettbewerber anklopften und um seine Mitarbeit buhlten. Im Jahr 2001 verstarb Taglioni in Bologna. Sein desmodromisches System ist heute noch bei Renn- und Straßenmotorrädern Stand der Technik.

DUCATI
748

Die ersten Erfolge auf der Rennstrecke

4
puntomoto

Erste Siege wurden bereits 1947 mit der Cucciolo eingefahren. Der kleine Motor war in allen Wettbewerbsbereichen, ob bei Off-Road-Rennen oder auf Stadtkursen, mit den drei Fahrern Paolo Campanelli, Glauco Zitelli und Umberto Rossi, jederzeit wettbewerbsfähig. Im Jahr 1953 heimste Ducati die ersten Siege bei den damals in Mode gekommenen Straßenrennen ein. Im Jahr 1956 gewann Ducati die italienische Junioren-Meisterschaft und Klasse bei den 24 Stunden von Montjuic in Spanien in der 100-ccm- und in der 125-ccm-Klasse. Von da an folgten kontinuierlich Erfolge in den Junioren- und Senioren-Meisterschaften in Italien. Mit zunehmender Wettbewerbsfähigkeit der 125-ccm-Motorräder mit Desmodromik hatte man, nachdem man die ganze Saison über dominierte, den Weltmeistertitel nur knapp verpasst.

Der ehemalige Fahrer Stefano Caracchi auf einer Rennversion der Marianna im Fahrerlager während des historischen Rennens Bologna-San Luca.

Im Laufe der Jahre wurde die Marke Ducati zunehmend stärker und demonstrierte ihre Stärken nicht nur ausschließlich in den kleinen Klassen, sondern immer mehr auch in Wettbewerben, die für das Image des Unternehmens besonders wichtig waren.
Mit der 48-ccm-Cucciolo, der 98-ccm-Gran Sport »Marianna«, bis hin zu den 125ern, 175ern und sogar mit den 250-Zweizylinder, bei denen man einfach zwei Einzylinder nebeneinander gereiht hatte, wurden bedeutende Siege eingefahren. In allen nationalen Meisterschaften konnte Ducati ab 1958 sämtliche 125er Titel gewinnen. Jetzt, da das Werk die Zuverlässigkeit des Desmo-Systems bewiesen hatte, beschloss man 1959, alle GP-Rennen und alle Läufe zur italienischen Meisterschaft zu bestreiten. Das Team wurde dennoch etwas verkleinert, und neben dem Desmo-Einzylinder wurde auch ein neuer Zweizylinder eingesetzt. Zu Gandossi und Spaggiari kamen Luigi Taveri und ein vielversprechender Neuling namens Mike Hailwood. Nach dem Erfolg 1958 hatte jeder erwartet, dass es 1959 so weitergehe, doch daraus wurde nichts. Am besten schlug sich noch der Youngster im Team, der 19-jährige Hail-

wood, der seinen Platz im Team kleineren Erfolgen 1958 und vor allem der Tatsache verdankte, dass sein Vater neuer britischer Ducati-Importeur, Ducati Concessionaires in Manchester, war. Auf seiner Werks-Einzylinder gewann er im August seinen ersten GP in Ulster. In der WM-Endabrechnung wurde er schließlich Dritter. Nach der Saison stellte Ducati das Rennengagement ein und verkaufte alle Werk-Desmos. Vorher wurde das Desmo-System aber ausgebaut und auf Ventilköpfe mit normalen Ventilfedern umgerüstet. Diese Maschinen liefen erfolgreich viele Jahre weiter, einige davon mit dem Einrohrrahmen der Gran Sport von 1956/1957 anstelle des späteren Doppelschleifenrahmens.

Dann aber kam die Wende: die Rennveranstaltung, die es Ducati möglich machte zu den ganz Großen aufzuschließen: Die 200 Meilen von Imola, das europäische Äquivalent der Daytona 200 in den USA, wurde auf dem Kontinent eingeführt. Dieses Rennen, das als das Motorradrennen schlechthin in den Vereinigten Staaten von Amerika galt, war jetzt auch in Europa die Plattform aller namhaften Motorradhersteller. Sie tummelten sich alle erstmals am 23. April 1972 an der neuen Rennstrecke. Es war die erste Veranstaltung, bei der man sämtliche europäischen Hersteller von MV bis zu Triumph, aber auch die gesamte japanische Konkurrenz zu sehen bekam.

Ducati arbeitete fieberhaft auf diese Veranstaltung zu. Man schuf ein spezielles Motorrad, das im Vergleich zu den Standard-GT 750 mit einem fortschrittlichen Chassis ausgestattet war, und erstmals in einem Wettbewerbs-Motorrad mit einem Desmo-Motor verfügbar war. Bei acht Ducati-Startern wurden

In der Emilia-Romagna befinden sich mehrere bekannte Rennstrecken. So liegt in Imola das Autodromo Enzo e Dino Ferrari, auf dem neben Motorrad-Grand-Prix auch Formel-1-Läufe stattfinden. In Misano Adriatico befindet sich der Misano World Circuit, auf dem regelmäßig Motorrad- und Superbike-WM-Läufe ausgetragen werden.
Obwohl Tarquinio Provini (links) und Umberto Masetti aus der gleichen Region stammen, aus der die Ducati-Motorräder kommen, konnten beide nie Titel mit den Motorrädern aus Bologna gewinnen. Sie fahren aber heute bei historischen Rennen.

GiMoto

Agip

rekordverdächtige Rundenzeiten gemessen, wobei zwei von ihnen, Paul Smart mit der Startnummer 16 und Bruno Spaggiari mit der Startnummer 9 auf Platz eins und zwei die Ziellinie überquerten – eine Sensation für Ducati.
Von diesem Moment an war Ducati in aller Munde. Die Bologneser galten als Spezialisten wenn es darum ging, aus Serien-Motorrädern Rennmaschinen zu bauen. Der vorauseilende Ruhm wurde ein Jahr später beim 24-Stunden-Rennen von Montjuic bestätigt, wo ein auf 864 ccm aufgebohrter Zweizylinder-Prototyp als erster die Ziellinie überquerte. Dieser Erfolgt wurde 1977 in Daytona durch den Erfolg mit einer 900 SS und nur ein Jahr später durch einen unvergesslichen Sieg bei der Tourist Trophy unterstrichen: Auf der Isle of Man, auf der Mike Hailwood nach einer Rennpause wieder startete, dominierte er auf seiner 900er in der Formel 1 TT.
Neben der Dominanz war es für die Italiener natürlich eine Genugtuung, dass »Mike the bike« dem Honda-Team auf und davonfuhr. Dies sollte für die Japaner nur einen kleinen Vorgeschmack geben auf die Ereignisse, die ein paar Jahre später an der Tagesordnung sein sollten. Von 1988 bis zum Ausstieg aus dem Renngeschehen dominierten die Maschinen aus Italien in der Königsklasse der Motorrad-Weltmeisterschaft und bei den Läufen der Superbike-Weltmeisterschaft.

Die 750 Imola Desmo gehört zu den weltweit bekanntesten Motorrädern. Ihren Bekanntheitsgrad verdankt sie insbesondere dem namensgebenden Sieg mit Paul Smart und Bruno Spaggiari (rechts) bei den »200 Meilen von Imola« im Jahr 1972, einem der spektakulärsten Rennen der Renngeschichte. Über die fantastische Endrunde und das Kopf-an-Kopf-Rennen von Smart und Spaggiari, das sich fast über die gesamte Strecke hinzog, könnte man einen spannenden Rennfilm drehen. Mit dem Sieg in Imola wurden gewissermaßen die Weichen für die Rennzukunft von Ducati gestellt.

DUCATI
DUNLOP
DUCATI
84
DASPA
COSTRUZIONI TELAI MOTO

Ducati
Ducati

Die SCRAMBLER, Der Urahn aller Enduros

Die ersten Serienmodelle mit breitem Motorgehäuse erschienen im Jahre 1968 in Gestalt der 350 Scrambler, wenig später gefolgt von einer 250er. Die Scrambler wurden zu den populärsten unter den Modellen mit breitem Motor, besonders in Italien. Im Grunde genommen handelte es sich dabei um eine reine Modeerscheinung, die komplett auf den Straßenbetrieb ausgelegt war und keinerlei Geländetauglichkeit erkennen ließ.

Die ersten Serienmodelle mit ihrem breiten Motorgehäuse erschienen im Jahre 1968 in Gestalt der 350 Scrambler (in den USA als 350 Sport Scrambler vermarktet), wenig später gefolgt von einer 250er. Die Scrambler wurden zu den populärsten unter den Einzylinder-Ducati jener Zeit, besonders in Italien. Im Grunde genommen handelte es sich bei den Scramblern um reine Modeerscheinungen, sie waren vollständig auf einen Straßeneinsatz ausgelegt und ließen keinerlei Geländetauglichkeit erkennen. Versuche mit einer anderen Federung, geänderter Sitzposition und einem Endurolenker machten die Maschinen zwar für die Straße einfacher zu beherrschen, sie waren jedoch maximal für einen moderaten Geländeeinsatz tauglich. Das war schon beim Prototypen von 1967 so gewesen, und das galt auch für die im Grunde baugleichen 250er, 350er und 450er. Ursprünglich wurden diese Maschinen für den amerikanischen Markt konzipiert. Dort jedoch wurden die Modelle mit Argwohn auf-genommen, da man mit Ducati-Maschinen wie der Apollo und den ersten Parallel-Twins durchaus schlechte Erfahrungen gemacht hatte. Das Rezept, wie man Motorräder für den Offroad-Einsatz aus den On-Road-Einzylindern entwickelte, war in Bologna mit allen Nachteilen bekannt, jedoch versprach man sich durch einen neuen Motor und einer größeren und stabileren Basis Potenzial für ein neues Marksegment. Die Scrampler kam im einfachen Kleid daher, einziger Hingucker war der tropfenförmige Tank mit seitlichen verchromten Ziereinsätzen und die große Aus-wahl an Lackierungen, wahlweise in Gelb, Orange, Blau, Grün oder Schwarz. Diese schlicht gehaltene Maschine traf den Geschmack der Europäer, auch deshalb, weil ihre Anmutung einen Mix aus dem amerikanischen Stil gepaart mit italienischem Touch darstellte. Alles übertraf der besonders temperamentvolle Motor. Der Einzylinder mit dem unverwechselbaren Sound forderte einiges an Geschick, wenn man ihn antreten wollte. So mancher an Schienbein oder Knöchel verletzter Motorradfahrer musste ambulant behandelt werden.

Unter den drei lieferbaren Varianten schälte sich die 450er als brauchbarstes Modell heraus. Die 450er – genauer 435,7 ccm – wurde 1969 eingeführt, hatte aber ein neues Kurbelgehäuse, Zylinder und Zylinderkopf, entsprechend der neuen Auslegung von 86 x 75 mm. Einen hubraumstärkeren Motor, etwa mit 500 ccm, konnte man nicht realisieren, ein längerer Arbeitshub hätte eine vollständige Neukonstruktion des Kurbelgehäuses erfordert, mit allen Kosten für Gussformen und Werkzeuge. Interessanterweise verfügte die 450 über den gleichen 75-mm-Hub wie die 350, das Pleuel der 450 aber hatte eine Länge (Auge zu Auge) von 140 mm und war mithin um 4 mm länger als das der 250er/350er.

Mit einem Verhältnis zwischen Pleuellänge und Hub von 1,8:1 hätte sich das kürzere Pleuel wegen der daraus resultierenden höheren Kolbengeschwindigkeit nicht geeignet. Dieser Umstand erzeugte hohe Vibrationen, die sich auf die Zu-

Die Speichenräder zeugen vom Alter der Scrambler, die die Italiener als Vorstufe der modernen Monster sehen. Ein Erfolg war dieser Baureihe jedoch nicht wirklich beschieden, zumal die letzten 250er Modelle mit spanischen Mototrans-Motoren ausgeliefert wurden.

Ducati
Ducati

DUCATI
250
Scrambler
MOTO DUCATI
UltimateMotorCycling.com
Specifications: 250 cc. - Four strokes - Timing by O.H.C.
Four speed gearbox.

verlässigkeit der Mechanik negativ auswirkten. Die Modelle der Scrambler-Familie wurden kontinuierlich bis ins Jahr 1975 hergestellt. Einige von ihnen erhielten Motoren aus der spanischen Firma Mototrans, dem Ducati-Ableger auf der iberischen Halbinsel. 1971 wurde in Bologna kurzzeitig eine 125 SCR gebaut, mit einem Mototrans-Motor samt Fünfganggetriebe, schmalem Kurbelgehäuse und spanischem Amal-Vergaser. Ein Erfolg war diesem Modell nicht beschieden. Übrigens hatten die letzten 250 Scrambler von 1974 ebenfalls spanische Mototrans-Motoren.

Auch Druckerzeugnisse im Bereich Ducati finden ihre Liebhaber. Links ein Reprint einer Bedienungs- und Wartungsanleitung einer 1968er 250er Scrambler.

59

Das italienische Abenteuer, die MOTOGIRO und die MAILAND – TARENT

In den Jahren nach dem Zweiten Weltkrieg gab es keine Rallye Paris-Dakar. Es war auch nicht notwendig, für ein Abenteuer den langen Weg nach Afrika auf sich zu nehmen, denn es gab in Italien zwei hochkarätige Rennveranstaltungen, die Massen an Zuschauern anzogen. Die Motogiro d'Italia und das Rennen Mailand-Tarent waren zwei Langstreckenrennen, die auf öffentlichen Straßen auf verschiedenen Routen quer durch Italien führten. Sie waren als Zweirad-Version vergleichbar mit der Mille Miglia der Autofraktion. Beide Rennen waren sehr anspruchsvoll und stellten in ihrer Härte die Zuverlässigkeit der Motorräder und das Können der Fahrer auf die Probe. Die Motogiro, die einmal jährlich kreuz und quer durch Italien führte, gab es nur zwischen 1953 und 1957 und hatte eine zwar kurze, aber intensive Geschichte. 1957 wurden Geschwindigkeitsrennen auf öffentlichen Straßen verboten.

Im Jahr 1932 fand zum ersten Mal das legendäre Motorradrennen von Mailand nach Tarent statt. Nachts wurde in Mailand gestartet und danach ging es ohne ernstzunehmende Pause in einem Rutsch bis ganz runter an den Absatz des italienischen Stiefels. Mit einer Unterbrechung zwischen 1940 bis 1950 wurde dieses Langstreckenrennen bis 1956 insgesamt 16 Mal durchgeführt. Auf einer Streckenlänge von rund 1.300 Kilometern fuhren die Rennfahrer damals fast nonstop (nur tanken und verpflegen) während der zwölf Stunden auf regulären Straßen von Mailand nach Tarent.

Diese Rennen waren für die Motorradhersteller deshalb sehr wichtig, weil die Läufe in den verschiedenen Klassen prädestiniert waren, um den vielen Zuschauern entlang den Rennstrecken die Fahrzeuge im Einsatz zu zeigen, um dadurch die Verkäufe für den Rest der Saison anzukurbeln.

Die Ducati-Manager waren sich dessen bewusst und nutzten, wie alle anderen Motorrad-Hersteller auch, diese einmalige Chance. Anfänglich schickte man in den kleinen Klassen Fahrzeuge mit Cucciolo-Motoren an den Start, die bis 1953 bei der Motogiro großartige Siege einfuhren, bevor man sich mit den »wichtigeren« Klassen beschäftigte. In den Folgejahren schickte man in der 100er-Klasse eine 98er-Ducati an den Start. Der Wendepunkt kam aber erst im Jahr 1955 mit dem Debüt der Gran

Sport »Marianna«. In dieser Saison gewannen Degli Francesco Villa, Leopoldo Tartarini und Giovanni Antoni alle neun Etappen, Degli Antoni wurde Sieger im Gesamtklassement. Positive Erfahrungen wurden

Die Wiederbelebung der historischen Rennen bringt so manches kuriose Detail ans Tageslicht. Das Foto zeigt einen von Hand gebohrten Motorgehäusedeckel – wahrscheinlich wollte man so Gewicht einsparen.

59
59
P. R.
profess
services

auch bei der Mailand-Tarent gemacht, denn Giuliano Maoggi eroberte auf einer 125er Ducati den dritten, und Degli Antoni auf einer 100er Ducati den vierten Platz. Im Folgejahr galt es für die Konkurrenz die »Marianna« zu schlagen. Von den 37 gestarteten Motorrädern erreichten 28 die Ziellinie. Zwei Siege konnte man sich auf die Fahne schreiben: Giuliano Maoggi mit der 100er erreichte eine Durchschnittsgeschwindig-keit von 99,792 Stundenkilometer, Alberto Gandossi ebenfalls mit einer 100er lag bei 98,184 km/h. Nachdem man die Dominanz in zwei Kategorien demonstriert hatte, in der 100er Klasse mit Giuseppe Mandolini und in der 125er-Klasse mit Antonio Graziano, verlegte man das Engagement auf Berg- und Rundstreckenrennen.

Seit mehr als 20 Jahren organisiert der Oldtimerclub »San Martino« in Colle (Provinz Perugia) jährlich ein Erinnerungsrennen von Mailand nach Tarent. In fünf Etappen wird die Strecke auf Landstraßen durch die schönsten Gegenden Italiens gefahren. Der Start findet sonntags ab Mitternacht in Mailand-Idroscalo (Flugplatz Linate) statt, und nach jeweils etwa 60 Kilometern sind Kontrollstationen und Verpflegungsstationen eingerichtet.

Umberto Masetti auf einer Ducati Marianna am Start der Mailand-Tarent im Jahr 1987.

Der Motogiro d'Italia wird seit 2001 wieder organisiert. Startberechtigt für das historische Rennen sind alle Motorräder bis zu 175 ccm des Baujahrs 1957 und früher. Jüngere Motorräder können ebenfalls zugelassen werden, wenn es sich um Nachbauten der »klassischen« Motogiro-Legenden handelt. Maximal können in dieser Klasse jedoch nur 125 Teilnehmer an den Start gehen. Zu bewundern sind hier all die Klassiker der italienischen Motorradhersteller – die »Alten« von Ducati, Gilera, Moto Guzzi, MV Augusta und Aermacchi. In der Taglioni Memorial Class sind auch jüngere Fahrzeuge dabei; hier starten Maschinen der Baujahre 1968-1978 bis zu 250 Kubik. Alle anderen können in der Touristikklasse mitfahren. Start und Ziel der Strecke ist Rimini. In Gruppen von jeweils 25 Teilnehmern nehmen sie zwar nicht am eigentlichen Rennen teil, können jedoch durch die wunderschönen italienischen Landschaften das typische »Motogiro«-Feeling genießen.

TOTAL
92
TOTAL
92
CAGIVA
TOTAL
CAGIVA
DUCATI
MICHELIN

Die CAGIVA-ÄRA: Von der PASO zur PARIS-DAKAR

CAGIVA
LUCKY EXPLORER
CAGIVA
86
Agip

Ducati war mittlerweile aus der staatlichen Obhut entlassen worden und befand sich Anfang der Achtziger unter Kontrolle der VM-Finanzgruppe. Gebaut wurden jährlich nur etwa 3.000 Motorräder. Geld war damit nicht zu verdienen. 1983 war die Lage so kritisch, dass kaum jemand Ducati noch Überlebensaussichten einräumte. Völlig überraschend leitete dann die Geschäftsführung von VM Verhandlungen mit der weitgehend unbekannten Firma Cagiva in Varese ein. Am 1. Juni kündete dann eine Pressemitteilung von einem Joint venture.

Cagiva war 1978 aus der Asche der ehemaligen Marke AMF-Harley-Davidson (früher Aermacchi) hervorgegangen, gegründet von den zwei Brüdern Castiglioni, Claudio und Gianfranco. Der Wechsel von der Fabrikation von Kombinationsschlössern für Aktentaschen, Eisenbeschlägen und elektrischen Komponenten zum Hersteller von Motorrädern war ein mehr als mutiger Schritt. Dies war nicht irgendeine Übergabe, sondern ein komplexes Projekt, das einen Neubeginn der Marke Ducati bedeutete. Geplant war die Erweiterung der Modell-Palette durch neue Zweizylinder-Modelle »Made in Bologna«.

Voller Tatendrang machte man sich daran, attraktive Modelle zu bauen. Heraus kamen zwei Tourer mit 350 ccm und 650 ccm. Um schnell an den Markt zu kommen, wählte man den einfachsten Weg und setzte den Ducati-Pantah-Motor in ein Cagiva-Chassis, einfach, um modernere Maschinen anbieten zu können. Der erhoffte Erfolg der so geschaffenen Maschinen mit dem Namen »Cagiva Alazzurra« blieb allerdings aus.

Große Aufmerksamkeit erhielten in jener Zeit die Rallyes auf dem afrikanischen Kontinent. Um auf dieser Welle mitsurfen zu können, präsentierten

Ein Schnappschuss in der Wüste: Beim Dakar-Rennen in den Jahren 1998-1999 mit den offiziellen Fahrern Edi Orioli, Ciro De Petri, Claudio Terruzzi und dem Franzosen Gilles Picard waren diese sichtlich überrascht, einen Fotografen mitten in der Wüste anzutreffen.

die neuen Eigner dann im Frühjahr 1984 den Prototyp einer neuen Maxi-Enduro. Dieser Typ, Elefant, hatte den 650er Pantah-Motor in einem Rahmen von TGM aus Parma und einen Kraftstofftank in den Farben der französischen Firma Ligier, mit denen man gerade einen Vertrag unterschrieben hatte. Das Motorrad gab bei der Atlas-Rallye sein Debüt, wo man mit Giampaolo Marinoni als Pilot auf Anhieb einen Sieg einfuhr. Dies sollte lediglich der Auftakt einer langen Erfolgsgeschichte werden,

in deren Verlauf große Namen wie Hubert Auriol, »Ciro« De Petri, Claudio Terruzzi und Edy Orioli, um nur ein paar Namen zu nennen, für das Team fuhren. Aufgebohrt auf 900 ccm, war die Cagiva Elefant eines der wettbewerbsfähigsten Motorräder jener Zeit, wie Siege von Edy Orioli 1990 und 1994 bei der Rallye Paris-Dakar unter Beweis stellten.

Die erste Straßen-Ducati dieser neuen Ära war die Paso, ein voll verschaltes Sportmotorrad, bei dem

Cagivas offizieller erster Auftritt mit Zweizylindern mit Ligier war 1985 mit dem legendären Hubert Auriol. In den folgenden Jahren wurde der offizielle Sponsor immer mit Abenteuer in Verbindung gebracht.

NOLAN
CAGIVA
92
TOTAL
PIONEER
92
CAGIVA
DUCATI
MICHELIN

Rahmen und Motor komplett unter der Verkleidung verborgen lagen. Der 750 Pantah-Motor in der 750 F1 war die eine Sache, doch die Zukunft der Marke Ducati, wie die neuen Eigner sie sahen, lag in der fortschrittlichen 750 Paso, nicht in der traditionell gestylten 750 F1.

Für die Ducatisti war die 750 Paso die Sensation der Mailand-Messe 1985. Dieses Motorrad war meilenweit von der pragmatisch sportlichen F1 entfernt. Unter der Verkleidung befand sich aber ein viel moderneres Motorrad. Es war vielleicht keine Rennreplika, es war aber die erste Ducati, bei der alles aufeinander abgestimmt war. Die 750 F1 mag ein ausgezeichnetes Sportmotorrad gewesen sein, litt aber unter einer schlechten Hinterradfederung und mittelmäßigen Michelin A48/M48 Reifen: Es gehörte wohl schon zur Tradition, dass sogar die Rennreplikas mit fragwürdigen Federelementen und mangelhaften Reifen ausgeliefert wurden – und die Paso war die erste Ducati, die mit dieser Tradition brach.

Die Ursprünge der 750 Paso reichen bis ins Jahr 1984 zurück. Als Cagiva die Vereinbarung mit Ducati traf, nahm man Kontakt mit Bimota in Rimini auf, dort sollte das neue Motorrad rund um den Pantah-Motor gebaut werden. Massimo Tamburini (das »-ta« im Namen »Bimota«) hatte sich von Giuseppe Morra, dem »mo-«, getrennt und sich mit Roberto Gallina zusammengetan, dem ehemaligen Rennfahrer und Chef des Suzuki HB-Teams. Tamburini war es gewesen, der die TGA1-Suzuki präpariert hatte, jene Maschine, die Marco Lucchinelli und Franco Uncini zu WM-Titeln 1981 und 1982 führte. Er hatte von Cagiva auch den Auftrag erhalten, ein neues Chassis für den Mille-Motor zu entwickeln. Es dauerte nicht lange, bis Tamburini Chef der Cagiva-Entwicklungsabteilung war. Und als er sah, dass sich die Bimota Pantah, die spätere DB 1, nicht für eine Großserienherstellung eignete, steckte er das Pantah-Aggregat in ein neues Fahrwerk, während Bimota die DB 1 in einer kleinen Serie baute. Die neue Cagiva-Konstruktion taufte Tam-

Im Jahr 1990 schaffte es Edi Orioli, mit Zweizylinder-Power aus Bologna eine Cagiva auf die oberste Stufe des Podests zu hieven. Ciro De Petri komplettierte den Team-Erfolg mit einem dritten Platz.

burini »Paso«, in Erinnerung an seinen Freund, den Rennfahrer Renzo Pasolini, der 1973 in Monza tragisch ums Leben gekommen war. Die Paso wurde dann bis 1992 gefertigt.
Das Cagiva-Management forderte außerdm eine Reihe marktgängiger Modelle, die keine Supersportler waren, und so kam 1985 ein Cruiser mit 900er Königswellen-Motor dazu. Glücklicherweise blieb der Cruiser als Prototyp in Varese, aber daraus entwickelte sich 1986 die Indiana, ein Softchopper. Auf Basis der Alazzura gebaut, erinnerte sie mit dem nach hinten gedrehten Zylinderkopf an die Paso und die Elefant – als Idealfall malte man sich einmal mehr einen Rivalen zum amerikanischen Giganten Harley-Davidson aus. Von der Indiana wurden zwei Versionen produziert, eine 350er für Italien und eine 650er für den Rest der Welt. Aber auch in diesem Fall reagierte die Öffentlichkeit nicht wie erwartet, die Softchopper floppten.

Im Jahr 1987 wurde die 851 vorgestellt. Die 851 war die erste Ducati mit Wasserkühlung, mit zwei Nockenwellen pro Zylinderkopf, vier Ventilen pro Zylinder und Benzineinspritzung. Sie war das erste Motorrad, das im Rennsport mit einer Benzineinspritzung punkten konnte. Die Modellreihe dominierte Anfang der 1990er Jahre die Superbike-Rennserien. Der neu konstruierte Desmoquattro-Motor war unverkennbar ein Ducati-V2-Motor: ein in Fahrtrichtung liegender vorderer und ein stehender hinterer Zylinder im Winkel von 90 Grad (»L-Twin«), Ventilsteuerung mit Desmodromik und Zahnriemenantrieb der Nockenwellen. Er verfügte über einen neu gestalteten, unten offenen Stahlrohr-Gitterrahmen, der den Motor als tragendes Teil integrierte. Die 851 wurde in mehreren Versionen (S/SP/Strada/Solo/Due) gebaut. Bereits 1991 liefen in begrenzter Stückzahl SP-Versionen mit 888 ccm zur Homologation für die Superbike-

Die Zweizylinder-Motoren, die für die Rallyes in Afrika gebaut wurden, saßen in einem nach unten offenen Gitterrohrrahmen-Verbau, der den Motor als tragendes Teil integrierte. In dieser Kombination sparte man an Gewicht, und die Konstruktion war sehr robust. In der afrikanischen Wüste konnten die Fahrer eine Höchstgeschwindigkeit von bis zu 200 km/h erreichen.

97
CAGIVA
MICHELIN

TOTAL
92
CAGIVA
MICHELIN

92
CAGIVA

Weltmeisterschaft vom Band. Diese Maschine war die erste Vertreterin einer ganzen Generation von Superbikes, die über 20 Jahre Rennen auf dem ganzen Globus gewonnen haben.
Ende 1992 bestand das ganze Ducati-Programm aus Sportmaschinen, aus den Baureihen Super Sport Desmodue und Desmoquattro. Umso überraschender daher die Premiere einer ganz neuen Ducati auf der IFMA im Oktober 1992: M 900 »il Monstro« – das Monster. Der Vater der neuen Schöpfung war Miguel Galluzi, der damit ein stimmiges Naked Bike auf die Räder gestellt hatte: Ein leichtes Motorrad mit Rennfahrwerk, durchzugstarkem Motor und aufrechter Sitzposition für den Fahrer. Außerdem kam die Monster auch genau zur richtigen Zeit und wurde sofort zu einem Erfolg.
Dennoch, ein paar Jahre später rutschte Ducati als Teil eines Konzerns unverschuldet mit in eine Krise. Cagiva verkaufte die Marke im Juli 1998 an die Texas Pacific Group nach Amerika.

Ein sauberes Motorrad im Studio zu fotografieren ist eine Sache, die Mechaniker bei den Wüstenrennen mussten ihre Reparaturen jedoch im Staub ausführen.

92
Agip
LUCKY EXPLORER
CAGIVA
LUCKY EXPLORER
RK
CHAMPION
LUCKY EXPLORER
CAGIVA
DUCATI
Agip

Das Debüt der MONSTER

DUCATI
MONSTER

Schon lange vor dem Verkauf in die USA hatte Ducati eine neue Baureihe auf Kiel gelegt, die zur wichtigsten Stütze im Modellprogramm werden sollte – und das mit einer ebenso originellen wie einfachen Idee: Noch als Teil der Cagiva-Gruppe landete der argentinische Ducati-Designer Miguel Galluzzi einen Geniestreich: er reduzierte ein klassisches Motorrad auf das Wesentliche. Tank, Sattel, Lenker, zwei Räder und einen garstigen Motor – die Monster wurde zum Trendsetter des neuen Segments der Naked Bikes.

Die Monster schien aus allerlei Ducati-Teilen zusammengewürfelt worden zu sein. Das 73 PS starke, luft-/ölgekühlte Triebwerk stammte aus der 900 SS, auch wenn der Ölkühler sich hier oberhalb des vorderen Zylinders befand. Der Rahmen war, modifiziert, von den 851/888ern mit 66 Grad Lenkkopfwinkel und 104 mm Nachlauf übernommen worden, ebenso die Umlenkung für das hintere Boge-Zentralfederbein (bot allerdings weniger Einstellmöglichkeiten). Dieses Fahrwerk hatte schon drei Superbike-WM-Titel gewonnen und demzufolge mit dem 73-PS-Motor keine große Mühe.

Die nicht einstellbare 41er Showa-Gabel entstammte dem Fundus der 750 SS, Bremsen und Räder von der 900 SS: Die M 900 war eine appetitliche Mischung. Ein Drehzahlmesser fehlte, dafür gab es Teile aus Kohlefaser wie etwa die Seitendeckel. Das niedrige Gewicht von 184 Kilo und die niedrige Sitzhöhe von 770 mm machten aus der Monster ein kompaktes, handliches Motorrad, das in Tests eine Spitze von 206 km/h erreichte.

Das minimalistische Design ließ viele Möglichkeiten für technische und ästhetische Varianten zu. Jede Monster war eigentlich ein Einzelstück – 1993 brach förmlich die »Monstermania« aus, die Verkaufszahlen kletterten stetig.

Zum ersten Mal seit ihrem Erscheinen Ende 1992 wurde die Monster-Baureihe dann zum Ende des Jahrzehnts gründlich überarbeitet. Inzwischen entfielen 43 Prozent der Verkäufe des Jahres 1999 auf die Monster, und die Firma begann, die Modellfamilie systematisch auszubauen. Im Jahr 2000 gab

Diese Aufnahme der neuesten Monster-Version zeigt deutlich das aggresive Erscheinungsbild des Bikes. Bemerkenswert sind die einzelnen Stoßdämpfer an den Seiten und die gigantischen Auspuffrohre.

es eine fast verwirrende Anzahl von Monstern, mit 900, 750 und 600 Kubik in verschiedenen Ausführungen. Es gab die Monster in den Ausstattungslinien Dark, City, Metallic und Special, und alle Versionen erhielten eine 43-mm-Showa-Vordergabel sowie Rücklicht, Kraftstofftank, Räder und Schutzbleche im neuen Design. Die luftgekühlte Monster 900 wurde auf Einspritzung umgestellt, erhielt die Nockenwelle der 900 SS, 45-mm-Drosselklappen, einen größeren Ölkühler und, mit geringen Abweichungen, das Sechsganggetriebe aus der sportlichen 748. Die Leistung betrug 78 PS bei 6750/min. Die Monster 900 kam mit neuem Cockpit (mit Tachometer), während das Monster-Flaggschiff 900 S Karbon-Kotflügel und einen Öhlins-Stoßdämpfer zeigte. Aber das war erst der Anfang, seit Beginn des Naked-Bike-Trends wuchs die Nachfrage nach mehr Leistung, nach »Muscle-Monstern«, stetig an.

Im Jahr 2000 präsentierte Ducati daher die erste Super-Monster, die S4, mit dem 92-PS-Motor des 916 Superbikes. Dabei blieb sie sich aber treu, Ducatis Monster blieb ein Sportmotorrad, nackt und bloß, wie seine Konstrukteure in Bologna es geschaffen hatten. Ein Spaßgerät reinsten Wassers und Urahn einer ganzen Reihe ähnlicher Motorräder: Triumph Speed Triple, Cagiva Raptor, Suzuki SV 650, Buell S1, Honda X-Eleven, um nur einige zu nennen.

Die Monster-Familie wurde 2003 weiter ausgebaut und war jetzt in vier Hubraumgrößen verfügbar, was die Anzahl der lieferbaren Varianten auf sieben, einschließlich S und Dark, vergrößerte. Den Monster 620 I.E. und Monster S4 wurden die Monster 800 und Monster 1000 DS zur Seite gestellt. Im Jahreslauf wurde eine weitere Monster, die S4 R, vorgestellt. Erwartet seit einiger Zeit, war diese Monster deutlich sportlicher als andere. Hier sorgte eine 113-PS-Version des 996er Desmoquattro-Motors für Vorschub. Zu den technischen Unterschieden gegenüber der S4 zählten die neue Auspuffanlage, die Alu-Einarmschwinge, Alu-Lenker, Fußrastenanlage und Showa-Federelemente.

Nach 15 Jahren, im Jahr 2008, war die Monster-Familie schon ziemlich angegraut, man wartete auf die Ablösung. Dennoch war noch einmal Zuwachs

Handlichkeit stand für die Naked-Bikes aus Bologna immer an erster Stelle.

DUCATI

Der Rundrohrrahmen in Verbindung mit dem L-Twin-Motor zeigte eine Optik, die weltweit zum Verkaufsschlager wurde. Auch viele Frauen entschieden sich für diese Maschine.

zu vermelden in Gestalt der 696, als Ersatz für das bisherige Einstiegsmodell 695, die noch einige Zeit parallel zur Ablösung weitergebaut wurde. Die 696 war ein sehr stimmiger Entwurf, das Design zeigte eine neue Formensprache, ohne die Monster-Philosophie der Beschränkung auf das Notwendigste zu verleugnen. Der 696-Motor war eine Evolutionsstufe der vorherigen 695-Version. Mit einer leicht auf 10,7:1 angehobenen Kompression betrug die Leistung 80 PS, was einem Leistungszuwachs von neun Prozent gegenüber der 695 entsprach. Damit hatte die 696 die höchste Literleistung aller luftgekühlten Ducs. Natürlich hatte sie Einspritzung, das Steuergerät lieferte Siemens zu. Dieser revidierte Motor wurde in einen völlig neuen Stahlrahmen mit 34-mm-Rohren (im Vergleich zu 28 mm bei der 695) und Aluminium-Hilfsrahmen gehängt. Eine nicht einstellbare 43er Showa-Gabel ersetzte das bisherige Marzocchi-Bauteil, dazu gab es eine längere Schwinge aus zwei geschweißten Leichtmetallgussteilen. Eine weitere wichtige Neuerscheinung für 2009 stellte die neue Monster 1100 dar. Die erste der neuen Generation war die 696 von 2008 gewesen, jetzt wurden die größeren 1100 und 1100 S nachgeschoben. Damit verbunden war eine Straffung der Modellreihe, zunächst sollte es Monster in nur noch zwei Hubraumgrößen geben. Die Monster-Reihe wurde für 2011 mit der frühzeitig präsentierten 796 und der Monster 1100 EVO ausgebaut. Die Ducatisti konnten mittels einfach aufzubringender Farbfolien aus dem »Monster Art«-Zubehörprogramm ihrer Monster einen neuen Look verpassen. Diese neuen Tankdesigns unter der Bezeichnung »Logomania« spiegelten die Entwicklung des Ducati-Logos wider. Auch 2012 ist die Monster-Geschichte noch nicht zu Ende erzählt.

ADVANCE
Alice
Marlboro
65
DUCATI
DESMOSEDICI
Marlboro
Alice
DUCATI
ADVANCE
Alice
65
DUCATI

DIE WORLD DUCATI WEEK UND DAS DUCATI MUSEUM

Jahr für Jahr erfreut die World Ducati Week, kurz WDW, eine ständig wachsende Zahl von Enthusiasten aus der ganzen Welt. Seit 1998, als die erste Veranstaltung auf der Rennstrecke von Misano Adriatico organisiert wurde, treffen sich dort Ducati-Fans aus der ganzen Welt. Ziel der Veranstaltung war es, allen zu danken, die im Verlauf der Jahre dazu beigetragen hatten, den Namen Ducati rund um den Globus bekannt zu machen und die Leidenschaft für die Motorräder und die Desmo-Ventilsteuerung zu feiern. Die vier Tage sind vollgepackt mit Rennen, Stuntshows, Testfahrten und Touren, Bühnenprogramm, Fahrkursen, Vorträgen, Auktionen und endlosen Partynächten. Mitten auf dem Gelände ist eine riesige Arena aufgebaut, in der alle Aktionen stattfinden, ringsumher wird gecampt. Von den 60.000 Besuchern kommt knapp die Hälfte aus Italien, über 40 Prozent der Motorradfahrer und Fahrzeuge kommen aus 28 anderen Ländern, wie den Vereinigten Staaten, Australien, Russland, Indien, China, Malaysia und einigen afrikanischen Ländern, nur ein paar wenige zu nennen. Die Statistik nennt weitere gigantische Zahlen: 38 Millionen Kilometer legten die Ducatisti zurück, um nach Misano zu kommen, das ist 80 Mal die Distanz zwischen Erde und Mond, 1,2 Tonnen Würste wurden verzehrt, 8.600 Liter Kaltgetränke und über 50.000 Liter Mineralwasser wurden getrunken und 56.000 Bilder von den offiziellen Ducati-Fotografen geschossen.

Durch die enorme Größe der Veranstaltung war ein jährlicher Rhythmus logistisch nicht planbar. Anfänglich organisierte man die Show im zweijährigen Turnus, seit 2007 hat man sich auf einen Termin alle drei Jahre festgelegt. Ducati spricht im Zusammenhang mit der Veranstaltung vom »Roten Planeten«, deshalb weil sich bei den letzten beiden WDW der historische Sitz der Veranstaltung, die Rennstrecke von Misano, in ein rotes Meer verwandelt hatte. Die World Ducati Week hat sich im Laufe der Jahre zu einem Vergnügungspark für Ducatisti verwandelt. Jede Veranstaltung findet mit einer gewaltigen Parade mit tausenden von Ducati aus allen Epochen ihren Abschluss.

Ducati besaß kein Museum. Andere italienische Hersteller dagegen, vor allem MV Agusta und Moto

Ein große Ausstellung im Ducati-Museum ist den Superbikes gewidmet.

Guzzi, waren für ihre Sammlungen bekannt und auch wegen ihrer Traditionspflege. Allerdings hatte man bei Ducati bis zur Übernahme durch Cagiva alle Prototypen und Rennmaschinen entweder verkauft oder vernichtet, das Erbe der 50er, 60er und 70er fehlte komplett. Nur einige wenige Maschinen hatten in privater Hand überlebt, aber die meisten waren für immer verschwunden.

Daher stieß man auf ungeahnte Schwierigkeiten beim Versuch, im Erdgeschoss des Gebäudes in Borgo Panigale ein Museum einzurichten: Nicht nur Prototypen und Rennmaschinen, auch frühe Serienmodelle fehlten. Marco Montemaggi bekam den Auftrag, daher in erster Linie ein Rennmuseum einzurichten, und er überredete einige Sammler, für die Eröffnung im Juni 1998 wichtige Rennmaschinen zu Verfügung zu stellen. Der bekannte Restaurier Mario Sassi wurde beauftragt, einige wertvolle Exemplare eigens dafür herzurichten. Später sollte das Museum dann eng mit der Ferrari-Ausstellung in Maranello zusammenarbeiten, ein Zeichen nicht nur der engen Verbindung zu Ferrari als vielmehr auch der starken technischen Tradition in der Emilia Romagna.

Das Museum ist in sieben Hallen untergebracht, in denen die Besucher durch die wichtigsten Phasen des Unternehmens geführt werden und ist thematisch gegliedert von der Cucciolo bis zu den MotoGP-Aktivitäten. Das Museum ist für das Publikum geöffnet von Montag bis Freitag, während die Samstage ausschließlich Führungen für DOC-Mitglieder (Desmo Owners Clubs) vorbehalten sind.

Motorräder jeden Alters und jeder Klasse, Trophäen und persönliche Dinge der wichtigsten Fahrer sind in den Räumen des Ducati-Museums auf dem Firmengelände in Borgo Panigale ausgestellt.

V-Power
Alice
DUCATI
Enel

DUCATI
SUPERMONO
XEROX

GIO.CA.MOTO
DIETSMANN
DUCATI
PERFORMANCE
INFOSTRADA

X-lite
X-802
Unibat
Althea
Racing
DUCATI

DUCATI DOMINIERT DIE SUPERBIKE-WELT

Die Übernahme durch die Cagiva-Gruppe 1983 hatte die sportlichen Aktivitäten der Ducati-Zweizylinder deutlich beschleunigt. Die Wettbewerbsfähigkeit dieser Motoren war ein großer Trost für die neuen Eigner, die mit ihrer Vierzylinder-GP 500 in der Halbliter-Motorrad-WM hinterher fuhren. Besonders prestigeträchtig waren bis Mitte der 80er Jahre Rennen in der Formel TT. Diese Rennserie war in der F1-Klasse für Maschinen zwischen 600 und 1000 Kubik ausgeschrieben und in der F2-Klasse für Maschinen bis 600 Kubik. Mit Läufen in den Vereinigten Staaten und in Europa war die F1 für Ducati nahezu maßgeschneidert; in der F2 hatte Tony Rutter mit einer Rennmaschine auf Pantah-Basis bereits vier Meisterschaften nach Bologna geholt. Für den Schritt in die F1-Kategorie diente ein vergrößerter Pantah-Motor; bei Ducati sicherte man sich für dieses F1-Projekt die Mitarbeit erfahrener Piloten, allen voran Marco Lucchinelli und Virginio Ferrari, der sich gerade aus dem Grand-Prix-Sport zurückgezogen hatte. Im Jahr 1986 konnte man mit der 750 F1 bereits die ersten Früchte ernten. Zu den größten Erfolgen zählt der Sieg von Lucchinelli bei der Battle of the Twins, einem Rennen im Rahmen der berühmten Motorsport-Woche in Daytona, in dem ausschließlich Twins starten, und der Triumph der spanischen Fahrer Cardus, Garriga und Grau beim 24-Stunden-Rennen von Montjuic. Ihr 135 Kilo leichtes Arbeitsgerät war von Franco Farnè präpariert worden und lieferte 86 PS bei 9000/min. Allerdings beschränkten sich die Fahrer während des Rennens darauf, nicht über 8000 Umdrehungen zu gehen und hatten so maximal 83 bis 84 PS zur Verfügung. Vor 250 000 Zuschauern drehten sie 708 Runden, achtzehn mehr als das zweitplazierte Kawasaki-Team aus Frankreich. Mit der 750 F1 Racing hatte Ducati unter Beweis gestellt, dass man durchaus wettbewerbsfähig war, allerdings waren sich die Verantwortlichen bewusst, dass die Zweiventil-Konstruktion ausgereizt war. Außerdem waren für die nächsten Jahre wichtige Regeländerungen angekündigt; der Internationale Motorrad-Verband plante für das Jahr 1988 eine neue Meis-

Der Franzose Raymond Roche war der erste Superbike-Pilot, der 1990 eine Weltmeisterschaft gewann; er fuhr mit einer 851er Ducati.

Desmo
Agip
DUCATI
851
raccordi
Ferriere Fonderie DONGO
MICHELIN
3

DUCATI
DUNLOP

DUCATI

POWER HORSE

terschafts-Serie, die Superbike-Weltmeisterschaft. Es sollte ein Wettbewerb für seriennahe Motorräder werden, wobei für Zwei- und Mehrzylinder unterschiedliche Gewichts- und Leistungsgrenzen galten. Für die Entwicklung eines neuen Zweizylinder-Motorrads wurde Massimo Bordi angeheuert, ein Techniker, der im Schlepptau von Taglioni – er sollte ihn nach dessen Pensionierung beerben. Bordi hatte eines mit Dr. T gemeinsam: seine Diplomarbeit schrieb er ebenfalls über die Desmo-Technik mit Schwerpunkt Desmo-gesteuerte Vier-Ventil-Nockenwelle. So hatte er bei dem neuen Projekt gleich die Chance, sein theoretisches Wissen unter Anleitung eines »alten Hasen« in die Praxis umzusetzen. Bordis neues Rennmotorrad war kein Selbstläufer, es gab viel Schwierigkeiten, und die Leistungsfähigkeit lag zunächst kaum über der des zur Ablösung anstehenden Twins. Das gesamte Projekt stand auf der Kippe. Aber man entschied sich, dem Motorrad noch eine letzte Chance zu geben. Sechs Monate rauchten in der Entwicklungsabteilung die Köpfe, bis letztlich die Marschrichtung feststand. Man bediente sich eines modifizierten Pantah-Gehäuses und verbaute die flüssigkeitsgekühlte Vierventil-Zweizylinder-Technik mit zwei zahnradgetriebenen Nockenwellen und vier Ventilen pro Zylinder – Tests ergaben, dass diese Konstellation großes Potenzial für Weiterentwicklungen bot. Als Name des Projekts wurde 851 gewählt, hier hat man sich an der Hubraumgröße orientiert.

Den ersten großen Auftritt feierte der Prototyp bei der Battle of the Twins in Daytona im März 1987. Mit seinen 851 Kubik leistete der Motor 120 PS bei 11.500 Umdrehungen am Hinterrad; Marco Lucchinelli hatte keine Schwierigkeiten, das Rennen zu gewinnen. Bei diesen frühen 851 gab es noch Raum für Entwicklung. Der Motor wirkte mit seinen unordentlich verlaufenden Rohrleitungen und der seitlich angeschnallten Blackbox – die Maschine hatte Einspritzung – noch reichlich provisorisch aus. Mitte 1987 wurde die Produktion von 25 Rennreplikas angekündigt, und im Juni erschien tatsächlich auch

Doug Polen (oben links, Carl Fogarty (unten links) und Troy Corser (rechts) fuhren Rennen und gewannen mit den Maschinen aus Borgo Panigale verschieden Male.

INFOSTR
DUCATI PERFORMANCE
MICHELIN

21
21

EUROBET
EUROBET
POWER HORSE
Kawasaki

ein Straßenprototyp; es dauerte aber bis weit in das Jahr 1988 hinein, bevor aus dieser Kleinserie Wirklichkeit wurde. 1988 war auch das erste Jahr der Superbike-WM, und zu Homologationszwecken musste Ducati 200 Motorräder vom Typ 851 bauen. Der ungewöhnliche Hubraum war dabei übrigens kein Problem, da das Regelwerk für Zweizylinder 1000 Kubik erlaubte, für Vierzylinder aber nur 750 Kubikzentimeter. Dem neuen Rennmotorrad gelang ein Einstand nach Maß, als Marco Lucchinelli das Eröffnungsrennen der neuen Meisterschaft in Donington Park am 3. April gewann. Leider gelang ihm das nur noch einmal in jenem Jahr, beim ersten Lauf in Österreich im Juli. Das Motorrad litt unter einer Reihe von Problemen an Kurbelgehäuse und Elektrik. Um für die Saison 1989 besser vorbereitet zu sein, verzichtete Ducati auf die Teilnahme an den beiden letzten Rennen in Australien und Neuseeland. Im Nachhinein betrachtet war das viel-

Linke Seite: Troy Bayliss ist immer noch in engem Kontakt mit dem Hersteller aus Bologna. Die Siege des australischen Fahrers sowohl bei den Superbike-Läufen wie auch bei den MotoGP-Wettbewerben machten ihn zur Symbolfigur. Auf der rechten Seite Neil Hodgson, der im Jahr 2003 die Weltmeisterschaft mit einer 999er gewann.

Nach einem Sieg im Jahr 2001 in der MotoGP-Klasse wechselte Bayliss zurück zu den Superbikes und wurde 2006 mit einer 999er- und 2008 mit einer 1098er-Ducati Weltmeister.

leicht ein Fehler, da Tabellenführer Davide Tardozzi mit seiner Bimota zurückfiel und die Meisterschaft daher an Fred Merkel ging. Wäre Ducati dabei geblieben, hätte womöglich Lucchinelli diese erste Saison gewinnen können. So aber beendete er die erste Saison auf Rang fünf. Im folgenden Jahr lief es viel besser. Der Franzose Raymond Roche beendete das Jahr auf Platz drei in der Gesamtwertung, eine Platzierung, die für die Saison nur bedingt aussagekräftig war, denn die 851 hatte fünf Siege eingefahren, aber auch viele Ausfälle durch Störungen an der Elektronik zu beklagen.

Mit einem Hubraum von 888 Kubik – nachdem Ducati die Versuche mit einem Hubraum von 919 Kubik beendet hatte – war das Motorrad dann so standfest, dass Raymond Roche 1990 die Superbike-WM gewinnen konnte. In den Ergebnislisten verewigte sich Roche gleich acht Mal als Sieger. Sein Teamkollege Giancarlo Falappa konnte einmal siegen, bevor er im Training in Österreich heftig stürzte. Zum Ende der Saison hatte die Ducati-Superbikes mehr Leistung (130-134 PS bei 11.000/min), weniger Gewicht (147 Kilo) und eine dramatisch verbesserte Zuverlässigkeit, was die japanische Vierzylinder-Meute in Schach hielt und für den Titelgewinn sorgte. Außerdem verfügte der Motor über ein besseres Drehmoment, dank der Nockenwellen, die für mehr Leistung im mittleren Drehzahlbereich sorgten; der 1990er Motor produzierte 110 PS schon bei 8000 Umdrehungen. Vereinzelt kam es noch zu Rissen im Kurbelgehäuse, aber die meisten der Elektrikprobleme waren inzwischen überwunden. Zumeist gingen diese übrigens auf das Konto eines defekten Drehzahlgebers. Die Ducati-Erfolge stellten die Vorherrschaft der japanischen Vierzylinder-Konkurrenz infrage. Bei Honda dachte man inzwischen schon über die Entwicklung eines Zweizylinder-Konzepts nach, um Ducati mit den eigenen Waffen schlagen zu können.

Die Entwicklung der Superbikes ging bei Ducati jetzt Schlag auf Schlag: Nach der 851 und der 888 folgten Typen wie 916, 996, 998, 999,1098 und 1198; zusammen mit den kleineren Ausführungen 748 und 749.

Von all den phantastischen Motorrädern verdient es allerdings die Ducati 916, etwas näher beleuchtet zu werden. Als sie 1994 erschien, wurde sie sofort als das erkannt, was sie war: Ein Meilenstein in der Motorradgeschichte. Der Motor war im Grundaufbau dem 888-Triebwerk ähnlich, hatte allerdings andere Kubaturen. Das Gitterrohrchassis war komplett neu, ebenso das Styling, das von Massimo Tamburini stammte. Die neue Vierventil-Duc wurde zum Ausgangspunkt einer ganzen Modellreihe von Straßen- und Rennmotorrädern und führte letztlich zur 998 von 2002. Dann kamen die neuen Teststretta-Motoren (»schmaler Kopf«), die 2003 in der 999-Baureihe für Furore sorgte. Dieweil schrieben Fahrer wie Doug Polen, Carl Fogarty, Troy Corser, Troy Bayliss, Neil Hodgson und James Toseland Renngeschichte. Zwischen 1990 und 2008 gewann das Team 16 Konstrukteurstitel und 13 Fahrertitel. Ende 2010, nach einer eher erfolglosen Saison, gab Ducati den Rückzug des Werksteams aus der Superbike-Weltmeisterschaft bekannt. Seit der Saison 2011 unterstützt das Werk aber weiterhin Kundenteams, die die Zweizylinder-Motorrädern einsetzen.

Nach einer langjährigen Karriere in der MotoGP gelang es Carlos Checa mit der neuesten Version der 1098er-Ducati, in der Superbike-WM des Jahres 2011 den Titel zu gewinnen, wenn auch nicht im offiziellen Werks-Team.

X-lite
Unibat
7
Althea
1198
Unibat
Althea
PIRELLI
PIRELLI

Auf der Suche nach neuen Konzepten

Die neueste Version der Multistrada hatte ein sehr aerodynamisches Design.

Wenn sich ein Unternehmen auf einen Bereich spezialisiert hat und dadurch einen gewisses Image aufgebaut, müssen sich all diejenigen, die in dieses Segment vordringen wollen, daran messen lassen. Das ging denjenigen so, die versuchten, Sportmotorräder zu bauen und damit Ducati in die Quere kamen: Ihre Maschinen, gleichgültig ob für den Rennsport oder auch für die Straße, gerieten zwangsläufig in Konkurrenz zu Ducati. Die Italienern ging es ihrerseits nicht anders: Die unsäglichen Roller- und Enduroexperimente und auch die Softchopper-Verschnitte scheiterten kläglich; Ducati war auf jeden Fall besser beraten wenn es versuchte, neue eigene Entwicklungen zu forcieren. Nicht immer wurden dabei aber Engagement und Leidenschaft mit wirtschaftlich guten Ergebnissen belohnt aber häufig.
Die Monster-Reihe war ein positives Beispiel und brachte frischen Wind in die Ausstellungsräume der Händler. Bestärkt durch diese Erfahrung, nahm man den weiteren Ausbau der Modellpalette in Angriff. So begann man Mitte der 90er Jahre, den Bereich der Touren-Motorräder ins Visier zu nehmen, ein Segment, das BMW seit vielen Jahren beherrschte. Vor der Entwicklung analysierte Ducati die Situation ganz genau und kam zu dem Schluss, dass die Deutschen grundsätzlich auf Komfort setzten und dabei den sportlichen Aspekt vollkommen außer acht ließen. Und genau diese Nische peilte Ducati an. Ziel war es, ein Motorrad zu bauen, das im Vergleich zu den klassischen Sport-Motorrädern eine höhere und breitere Verkleidung und eine ange-nehmere Sitzposition hatte und mit Packtaschen ausgestattet werden konnte. Andererseits sollte die Maschine schnell und fahrstabil sein, um auch auf der Rennstrecke eine gute Figur abzugeben. 1996 wurde das nach diesen Kriterien entworfene Motorrad in Köln erstmals vorgestellt und markierte den erneuten Versuch von Ducati, ein Tourenmotorrad zu bauen. Ähnliche Vorstöße waren in der Vergangenheit nicht gerade von Erfolg gekrönt gewesen, man denke nur an die 860 GT oder die Paso. Diese Maschinen waren beileibe keine schlechten Motorräder gewesen, ganz im Gegenteil: Diese, wie auch weitere Vertreter dieser Gattung wie die 750 GT, die Darmah oder die 907 IE beispielsweise galten als durchaus gelungene Motorräder, doch nach ersten Erfolgen pendelten

sich die Verkaufszahlen auf bescheidenem Niveau ein. Einige der Tourenmodelle litten zudem unter mangelnder Zuverlässigkeit, weil sie nicht ausgereift waren. Das sollte mit der neuen Tourer-Generation anders werden. Die ersten Berichte stellten der neuen Ducati ST 2 (Sport Touring 2) ein gutes Zeugnis aus, doch die Konkurrenz war stark. Die 2 im Namen markierte den klassischen L-Twin-Motor mit zwei Ventilen. Mit 212 Kilo leer war diese 900er kein ausgesprochenes Leichtgewicht. Trotzdem ging sie ganz anständig, obwohl sie nur 83 PS bei 8500/min entwickelte, im Test absolvierte sie den Sprint zur 400-Meter-Marke in 11,81 Sekunden mit 182 km/h. Die gemessene Spitze betrug 219 km/h. Diese Werte ähnelten denen der viel leichteren 900 Super Sport, was dafür sprach, dass die Aerodynamiker ganze Arbeit geleistet hatten. Ende des Jahres 1998 wurde dann der zweite Tourer, die ST 4 mit Desmoquattro-Motor der Presse vorgestellt, sie erhielt sofort glänzende Kritiken. Man hatte sich bei der Konzeption der ST 4 schlussendlich doch nicht damit begnügt, einfach den 916-Motor ins ST-2-Chassis zu hängen, sondern dem Triebwerk einige kleine, aber wichtige Änderungen angedeihen lassen. Um eine ausgewogenere Gewichtsverteilung zu erreichen, sollte bei der ST 4 der Motor im Chassis weiter nach vorn rücken – weiter als es etwa bei der 916 der Fall war. Doch da schon bei dieser das Vorderrad bei extremen Bremsmanövern Kontakt mit dem liegenden Zylinder aufnahm, mussten für den Einbau in den

Die Ur-Version der Multistrada, einmal mehr um den Zweizylinder aus Borgo Panigale herumgebaut, zeigte ein wesentlich zahmeres Layout als die aktuelle Version, deren Handling und Fahreigenschaften man wesentlich verbessert hatte.

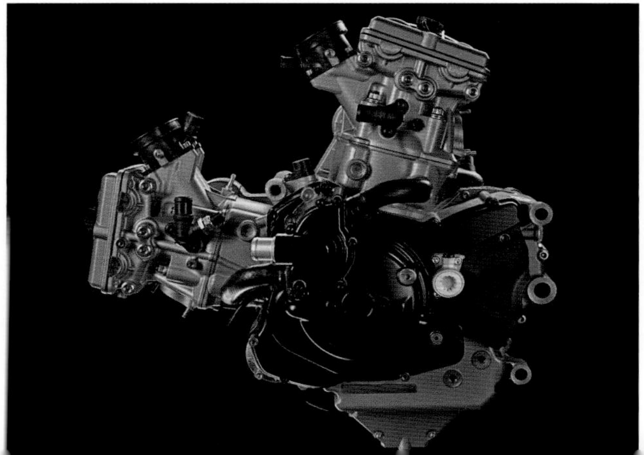

Sporttourer die Zylinderköpfe modifiziert werden. Verglichen mit der ST 2 bekam die ST 4 zudem eine im Durchmesser vergrößerte Auspuffanlage samt geänderter Luftfilterbox. Überarbeitet wurde auch die Einspritzanlage. Dabei legte man viel Wert auf ein sauberes Ansprechverhalten bei niedrigen und mittleren Drehzahlen. Die Leistungsdaten blieben – verglichen mit denen der 916 – unverändert: 105 PS bei 9000 Touren, 90 Newtonmeter Drehmoment bei 7000 Umdrehungen sollten der ST 4 zu einer Höchstgeschwindigkeit von 240 km/h verhelfen. Auch in punkto Sicherheit hatte man nachgelegt: die ST 4 wurde mit einem Anti-Blockier-System (ABS) ausgestattet. Trotz all dieser Beigaben gelang es Ducati aber nicht, im Tourersegment nennenswerte Marktanteile zu gewinnen. Das sollte sich mit den folgenden Generationen nicht ändern; auch nach der Überarbeitung 2004 blieben die Absätze im Keller, und auch die Verfeinerungen für 2006 sorgten nicht für eine Explosion der Nachfrage. Zu den Neuheiten in jenem Jahr gehörte die Verwendung von Hydraulikkupplungen (Nass-kupp-lungen), außerdem konnten die Verkleidungen leichter abgenommen werden, was die Wartungszeiten reduzierte. Der Motor wurde mit drei Ventilen je Zylinder ausgestattet und leistete 102 PS. Wie inzwischen auch die Supersportler konnten sich die Sporttourer nur schwer im Markt behaupten. Die Verkäufe gingen weltweit zurück.

Daher war die Suche nach neuen Marktlücken für das Überleben der Marke essentiell, Ducati erkundete ein neues Segment. Entstehen sollte ein Allround-Motorrad, das sich auf- und neben der Straße gleichermaßen wohlfühlte. Gleichzeitig sollte dieses Motorrad ganz anders sein als all die anderen Maxi-Enduros, allen voran die BMW GS. Das Motorrad wurde 2003 fertiggestellt und hießt zunächst »Futa«, benannt nach dem Pass zwischen Emilia und der Toskana, der Strecke, auf der die Ducati-Tester die meisten Probläufe absolvierten. Dann entschied man sich aber um und wählte die vielversprechende Bezeichnung »Multistrada«, und lag damit goldrichtig: Während die Absatzahlen der Supersportler und Sporttourer weiterhin sanken, legte die Multistrada an Bedeutung zu. Das führte zu einer Modellausweitung – nach oben durch die Multistrada 1000 S, nach unten durch die 620 und 620 Dark. Das Konzept, einen Allrounder für Enduro, Sport und Straße anzubieten, ging auf; die Multistrada-Familie stieg in den internen Charts auf den zweiten Rang nach den Monster auf: Der Trend ging ohne Zweifel weg von den Rennmaschinen hin zu Allroundern, zu wirklich überall einsetzbaren Maschinen. Herzstück der neuen Ducati war der luftgekühlte 90-Grad-Zweizylinder aus der 1000 DS, der für den Multistrada-Einsatz aber erheblich überarbeitet werden musste.

Beim Multistrada-Chassis handelte es sich um eine Gitterrohrrahmen-Konstruktion, die in ähnlicher Form auch in der ST 4S und der Monster S4 Verwendung fand. Das Fachwerk bestand aus verschweißten ALS 450-Rohren. Racing-Bremsen mit neuen 320-mm-Scheiben vorn und Vierkolben-Bremszangen (Brembo »Serie Oro«) und eine einzelne, 220 mm messende Scheibe hinten mit Zweikolbenzange übernahmen die Verzögerungsarbeit. Die Radführung war Sache der Superbike-erprob-

Große Strecken sind ihr Revier. Der Name Multistrada bezeichnet den Alleskönner, der auf aller Art Straßen zu Hause ist.

ten Showa-Upside-down-Gabel. An der Hinterhand fand sich ein progressiv angelenktes Öhlins-Federbein (160 mm) mit Dual-Federwegen. Die solide Einarmschwinge wies ebenfalls große Ähnlichkeiten mit den Rennmaschinen auf.
Neben den technischen Neuerungen bestach die Multistrada durch ihre kühnen Formen, die auf dem Reißbrett von Pierre Terblanche entstanden waren. In die Spiegel integrierte Blinker, eine teilweise mitlenkende Verkleidung, ein Tank, der gar keiner war (dort fand sich eine gigantische Airbox und ein kleiner Stauraum, der eigentliche 20-l-Spritbehälter saß schwerpunktgünstig unter der Sitzbank), ein LCD-Cockpit mit akustischer Service-Intervallanzeige und vertikal angeordnetem DE-Scheinwerfer vervollständigten diese so ganz andere Ducati. Kein Tester zeigte sich von der Multistrada enttäuscht. Nachdem dies universell einsetzbare Motorrad so gut ankam, wurden weiter Varianten nachgeschoben und die Modellpalette ständig erweitert. Ende 2009 präsentierte man dann eine neue Multistrada-Generation – den Namen hatte man beibehalten, das Layout war jedoch völlig verändert.

Die MotoGP-Jahre

Der Internationale Motorrad-Verband beschloss 2002 die 500-ccm-Klasse zugunsten der neuen MotoGP-Klasse abzuschaffen. Das neue Reglement ließ nach einer über 30-jährigen Vorherrschaft der Zweitakter ab der Saison 2003 auch Viertaktern eine Chance in der Königsklasse des Motorsports, daher entschied man sich bei Ducati, zum ersten Mal überhaupt auch in der höchsten Klasse anzugreifen und ein eigenes MotoGP-Projekt auf die Räder zu stellen. Es bot sich die einmalige Chance, dem größten japanischen Hersteller gerade dort in die Suppe zu spucken, wo er bislang nach Belieben dominiert hatte – bei Superbike-Läufen hatte man der Konkurrenz aus Japan ja schon häufig den Hinterreifen gezeigt. Mit einem Budget von 30 Millionen Euro – nicht annähernd so viel, wie die Honda-Konkurrenz zur Verfügung hatte – und nur 16 Ingenieuren stellte Ducati eine V4-Zylinder-Rennmaschine vor, die die etablierte Konkurrenz völlig bügelte. Ursprünglich hatten die Ducati-Techniker damit geliebäugelt, dieses Wagnis mit einem neuen Zweizylinder-Motor, in alter Verbundenheit zur Tradition, anzugehen. Computersimulationen belehrten sie jedoch schnell eines Besseren, es wurde ein Vierzylinder.

Natürlich hatte auch die neue V4 wie die V2-Rennmaschinen die typische Desmodromik und den Gitterrohrrahmen, in dem der Motor tragende Funktion übernahm. Die Aluminiumschwinge war direkt im Motor angelenkt, der massive Rahmen stellte eine direkte Verbindung vom Lenkkopf zum Schwingendrehpunkt her und umschloss den Motor wie eine röhrenförmige Stahlklammer. Die Vollverkleidung entwarf der bekannte britische F-1-Designer Alan Jenkins.

Der flüssigkeitsgekühlte, 90-Grad-16-Ventiler (86 mm Bohrung, 42,6 mm Hub) leistete mehr als 220 PS bei 16.000/min. Die Motorarchitektur zeigte pure Renntechnik. Die Kraft wurde über ein Sechsgang-Kassettengetriebe und eine Mehrscheiben-Rutschkupplung an den 190er Hinterreifen weitergereicht. Das Trockengewicht lag bei lediglich 145 Kilogramm. Erste Tests mit dem 990-ccm-Prototypen, gefahren von Filippo Preziosi und Claudio Domenicali zeigten, dass das Geschoss äußerst wettbewerbsfähig war, vor allem in Hinblick auf die

BREIL
DUCATI
INFO STRADA
DUCATI PERFORMANCE
ADVANCE

MIDAC
MAGNETI MARELLI

BREIL
MICHELIN
DHL
MIDAC
DUCATI PERFORMANCE
ADVANCE

ADVANCE
BREIL
INFO STRADA
DUCATI

DUCATI
Marlboro
DUCATI
DUCATI
MICHELIN
FILA
ADVANCE
DUCATI PERFORMANCE

Marlboro
DUCATI
DUCATI PERFORMANCE
ADVANCE
FILA
MICHELIN

Loris Capirossi (links) und Troy Bayliss (oben) markieren mit der Desmosedici Ducati die Spitze in der MotoGP bei der Weltmeisterschaftsläufen des Jahres 2003.

Top-Speed-Messungen. Als Bezeichnung wählte man Desmosedici GP3, was wie folgt interpretiert werden möchte: »Desmo« für die Art der Nockenwellensteuerung, »sedici« (16) die Gesamtzahl der Ventile, »GP« für Grand Prix und die »3« für die Saison und damit auch die Generation.
Die Saison 2003 bestritten Troy Bayliss und Loris Capirossi als Stammfahrer. Beim offiziellen Abschlusstest in Barcelona ließ Capirossi die versammelte Konkurrenz der großen japanischen Werke hinter sich. Beim ersten Saisonlauf in Japan konnte Capirossi auf Anhieb den dritten Platz belegen. Beim dritten Rennen, dem Grand Prix von Spanien in Jerez, schafften Capirossi und Bayliss die erste Doppel-Pole. Beim Grand Prix von Katalonien in Barcelona gelang Capirossi sogar der erste Sieg für den Neueinsteiger. In der WM-Gesamtwertung errangen Capirossi und Bayliss die Ränge vier und sechs.
Für die Saison 2004 behielt man die Fahrerpaarung bei. Das Motorrad wurde weiterentwickelt und die Leistung gesteigert, die Fahrbarkeit verbesserte sich jedoch nicht. Troy Bayliss sagte, nachdem er mit dem neuen Motorrad gefahren war, sinngemäß: »Das einzige, was wir nicht wollten, war noch mehr Power – jetzt haben wir sie.« Beim Vorsaisontest in Barcelona stellte Loris Capirossi mit 347,4 km/h den Geschwindigkeitsrekord für MotoGP-Bikes auf. Zur Mitte der Saison setzte man eine komplett überarbeitete Version des Motorrads ein, die Spitzenleistung sank, doch die Kraftentfaltung wurde sanfter. Dadurch verbesserte sich das Handling stark und auch die Resultate zeigten einen Aufwärtstrend. Dennoch errangen beide Fahrer jeweils nur einen dritten Platz. Die Teamleitung suchte die Schuld vor allem bei den Fahrern und trennte sich am Saisonende schließlich im Streit von Troy Bayliss.
In der Saison 2005 wurde der Spanier Carlos Checa als Nachfolger von Troy Bayliss engagiert. Eine weitere Neuerung bestand in den Bridgestone-Reifen, nachdem man die vorigen beiden Jahre auf Michelin gefahren war. Das Motorrad, die GP05, war eine Weiterentwicklung des Vorjahresmotorrades. Das Hauptproblem dieser Saison waren die schwankenden Leistungen der Reifen. Einerseits konnte Capirossi zwar die Rennen in Japan und Malaysia

85
7

Linke Seite: Carlos Checa vor seinem Teamkollegen Loris Capirossi im Jahr 2005.

Das Jahr, in dem Sete Gibernau zusammen mit dem Piloten aus Imola am Start war, gestaltete dies sich alles andere als rosig. Nach einem ausgezeichneten Saisonstart wurde er nach einem spektakulären Sturz beim GP von Catalunya eingebremst.

Loris Capirossi (oben) und Marco Melandri (rechte Seite) sind zwei italienische Fahrer, die die MotoGP-Boliden für Ducati pilotierten.

NOLAN
Enel
Alice
DUCATI
DESMOSEDICI
BRIDGESTONE
riello ups
Alice
SanDisk

NOLAN
ADVANCE
Stoner
ADVANCE
DUCATI
Alice
SanDisk

gewinnen, andererseits kam man aber oft nicht einmal unter die ersten Zehn. Dennoch war in der Saison 2005 eine klare Verbesserung zur Vorsaison zu sehen und Capirossi belegte immerhin den sechsten Platz in der WM-Gesamtwertung.
Zur Saison 2006 wurde der Vizeweltmeister der Jahre 2003 und 2004, der Spanier Sete Gibernau, als zweiter Fahrer neben Capirossi verpflichtet. Das Motorrad und auch die Bridgestone-Reifen zeigten wiederum eine Steigerung gegenüber dem Vorjahr, bereits beim ersten Saisonlauf im spanischen Jerez starteten Capirossi und Gibernau von den Plätzen eins und zwei. Capirossi gewann das Rennen, Gibernau wurde, in aussichtsreicher Position liegend, von einem technischen Defekt gestoppt. Der Saisonbeginn lief vor allem für Capirossi sehr gut, er führte sogar zeitweise die WM-Wertung an. Beim Grand Prix von Katalonien ereignete sich dann ein schwerer Unfall zwischen den beiden Teamkollegen. Gibernau fuhr kurz nach dem Start auf Capirossi auf und beide stürzten so schwer, dass sie im Krankenhaus behandelt werden mussten. Als Ersatzfahrer für Gibernau sprang der Deutsche Alex Hofmann ein, der sonst im Ducati-Kundenteam D'Antin MotoGP fuhr. In der zweiten Saisonhälfte war Capirossi wieder hergestellt und konnte die Grand Prix von Tschechien in Brünn und Japan gewinnen. Beim vorletzten Saisonlauf in Portugal verletzte sich Gibernau unverschuldet bei einem Sturz, der ironischerweise von seinem späteren Nachfolger Casey Stoner verursacht wurde. Er wurde beim letzten Rennen, dem Großen Preis von Valencia in Spanien von Troy Bayliss ersetzt, der 2006 auf Ducati Superbike-Weltmeister geworden war und sozusagen als Belohnung dafür das letzte Rennen der 990-ccm-Maschine bestreiten durfte. Beim diesem Grand Prix fuhr Bayliss vor Capirossi einen Start-Ziel-Sieg ein und das Team konnte seinen ersten Doppelsieg im MotoGP feiern. Mit den vier MotoGP-Laufsiegen und der gewonnenen Superbike-WM war die Saison 2006 für Ducati die erfolgreichste, die ein europäischer Hersteller in der Geschichte des Motorradrennsports jemals hatte.
Ab der Saison 2007 gestattete das technische Reglement nur noch 800 statt der 990 Kubik. Dieser Umstand machte für alle Hersteller die Ent-

NOLAN

46
FIAT

Nicky Hayden (Startnummer 69) und Casey Stoner gaben dem Hersteller aus Bologna einen internationalen Touch.
Der Australier gewann die Weltmeisterschaft im Jahr 2007.

69
TIM
DUCATI
DUCATI

BRIDGESTONE
NOLAN
DUCATI
Alice
SanDisk
DUCATI

wicklung neuer Motoren notwendig. Ducati blieb dem 90-Grad-V4-Konzept treu, allerdings mit konventioneller Zündfolge, und testete als erster Hersteller offiziell die neue Maschine. Als Nachfolger für Sete Gibernau wurde der 21-jährige Australier Casey Stoner verpflichtet. Stoner, der in der vorangegangenen Saison noch als Bruchpilot verschrien war, gewann mit der Desmosedici GP7 zehn der 18 ausgetragenen Rennen und krönte sich bereits im viertletzten Rennen, dem Grand Prix von Japan, zum Weltmeister – 33 Jahre nach dem letzten Titel von Ducati in einer Königsklasse. Im folgenden Rennen in Australien bescherte das Duo Stoner/ Capirossi mit einem Doppelsieg Ducati außerdem die Weltmeistertitel in der Team- und in der Konstrukteurswertung.

Zur Saison 2008 verließ Loris Capirossi nach fünf Jahren das Team. Bereits im November 2006 hatte man sich mit Marco Melandri auf einen Vertrag geeinigt. Nach zwei Jahren Höhen und Tiefen kündigte der Australier im August 2010 und wechselte zum Honda-Team. Am 16. des gleichen Monats verpflichtete man den neunfachen Weltmeister Valentino Rossi. Allerdings lief die Saison 2011 für das neue Dream-Team Nicky Hayden / Valentino Rossi nicht so erfolgreich wie erhofft, zwei dritte Plätze waren die besten Saisonergebnisse, der Tiefpunkt das Abschlussrennen in Valencia, wo beide Ducati nach einem Startunfall nicht die Zielflagge sahen. In der Gesamtwertung belegte Rossi lediglich einen mageren 7. Platz.

Valentino Rossi, »the Doctor«, startete in der Saison 2011 auf Ducati. Der Erfolg gewöhnte Weltmeister konnte aber nur wenige Erfolge verbuchen.

46
TIM
TIM

agu
46
TIM
TIM
DUCATI

DUCATI
DUCATI

Die Modelle des neuen Jahrtausends

Eine weitere hypermodere Maschine ist die 1100 Evo SP.

Trotz aller Finanz- und Wirtschaftskrisen, die die ersten Jahre des neuen Jahrzehnts prägten, zeigte Ducati weiterhin Flagge und bot einige neue, für die Italiener sogar revolutionäre Modelle an. Drei richtungsweisende Baureihen entstanden, die den Namen der bereits bestehenden Modellreihen tragen sollten, jedoch von Grund auf überarbeitet wurden und somit hundertprozentig neu waren, auch wenn sie die klassischen Ducati-Merkmale, also den Rohrrahmen und den desmodromisch gesteuerten Zweizylinder-Motor aufwiesen.

In Mailand, auf der Motorrad-Messe EICMA, gab Ducati 2006 bekannt, die im Vorjahr gezeigte Studie 2007 unter dem Namen »Hypermotard« in Serie zu bauen. Hoffend, damit im Marktsegment der Funbikes oder Supermotos (das fest im Griff von KTM ist und war) Fuß zu fassen, wurde der Hypermotard der 1100er Twin der Multistrada implantiert. Schlank und leicht, mit einer aufrechten Sitzposition, war die Hypermotard ein weiteres Produkt des nicht unumstrittenen Ducati-Designers Pierre Terblanche und gedacht, eine neue Nische zu füllen. Für standesgemäßen Vortrieb sorgte eine Variante des luftgekühlten Zweiventil-Desmo-Motors mit Doppelzündung. Ausgelegt auf 98 x 71.5 mm, ergab sich ein Gesamthubraum von 1078,7 Kubik. Die Änderungen schlossen eine Trockenkupplung ein, wie sie aus dem Rennsport bekannt war, und ein modifiziertes Sechsganggetriebe. Mit einem Paar 45er Drosselklappen und einem am Heck hochgezogenen 2-1-2-Auspuff, stand eine Leistung von 90 PS bei 7750/min an. Der Stahlgitterrohrrahmen der Hypermotard mit hinterer Einarmschwinge und 50-mm-Marzocchi-Gabel war neu. Hinten kam ein Zentralfederbein von ZF Sachs zum Einsatz. Verzögert wurde über eine 305-mm-Doppelscheiben-Bremsanlage mit radialen Brembo-Vierkolben-Bremssätteln vorn und 245er Scheibe hinten. Wie die 1098 trug die neue Supermoto Instrumente im Stile der Desmosedici, digital ohne Schalter oder Knöpfe. Und schon bei leichten Berührungen klappten die Spiegel nach innen ein.

Die Neuheiten des Jahres 2008 rundeten die schwarze Hypermotard 1100 S und die neue GT 1000 in zwei Grautönen ab. Abgesehen von neuen Schriftzügen – die besser zu den der anderen

DUCATI
MONSTER

Ducati passten – zeigten sich Multistrada 1100 und 1100 S unverändert. Es blieb bei den drei Ausführungen der Sport-Classic mit dem 1100er Motor und Doppelzündung, also bei der Sport 1000 Biposto, der Sport 1000 S mit Halbschale und rundem Hauptscheinwerfer sowie der GT 1000.

Neuland betrat Ducati 2009 mit der Streetfighter. Die war scheinbar eine nackte 1098, die die Monster S4R S ersetzen sollte. Die Streetfighter-Mode war diesseits der Alpen Ende der 1970er, Anfang der 1980er Jahre entstanden. Anders als bei den Café Racern, wo normale Motorräder in Rennmaschinen umgebaut wurden, waren Streetfighter gestrippte Sportmaschinen, denen man die Verkleidung ab- und eine Lenkererhöhung anschraubte. Wie die Hypermotard war auch die Streetfighter die Ducati-typische Interpretation eines bekannten Konzepts, wobei Chefdesigner Malagoli ganz klar die Absicht verfolgte, das serienmäßig stärkste Naked Bike der Welt auf die Räder zu stellen.

Obwohl sie aussah wie eine unverkleidete 1098, waren fast alle Streetfighter-Teile neu, sogar der Motor. Dieser entpuppte sich als eine Mischung aus 1098 und 1198.

Die Multistrada der zweiten Generation erschien dann 2010 in den Schaufenstern. Ursprünglich mit dem luftgekühlten 1000er-Twin mit Doppelzündung und dann 2006 mit dem 1100er-Motor aufgewertet, handelte es sich um einen völligen Neuentwurf. Begeistert gefeiert als ein Konzept, das das Beste aus vier Motorradkategorien in sich

Ständig auf der Suche nach neuen Marktanteilen im »Naked«- (ohne Verkleidung) Motorrad-Segment, entwickelte Ducati die Streetfighter als Ableger der Supersport-Modelle.

vereinigte, setzte sie ein Stück weit neue Maßstäbe für solche Allrounder. Und auch wer nicht in alle Jubelgesänge mit einstimmen mochte, musste zugeben, dass Ducati mit der neuen Multistrada ein großer Wurf gelungen war.
Nach einigen Spekulationen und noch mehr Erlkönig-Bildern enthüllte Ducati auf der Mailänder Motorradmesse EICMA im November 2010 die neue Diavel. Die Bezeichnung »Diavel«, im Bologneser Dialekt das Wort für »Teufel«, verdankte das ursprüngliche Projekt 0803 einem Ducati-Techniker, der Gelegenheit hatte, den ersten Prototypen zu sehen. Er rief im typischen Bologneser Dialekt aus: »Ignurànt comm' al diavel!«, böse wie der Teufel. Von da an hieß das Projekt Diavel.
Mit diesem Muscle-Bike trat Ducati gegen Yamahas V-Max oder Harley-Davidson Night Rod an, die Diavel war in erster Linie für die USA konzipiert worden. Anders aber als die Konkurrenz war die Duc ein sehr fahraktives Motorrad, eine leichte,

flinke und puristische Maschine, die den Spagat zwischen bequemem Cruiser und starkem Sportler bewältigte. Und diese Vielseitigkeit war das, was die Bologneserin allen anderen Maschinen dieses Kalibers voraus hatte.

Die Basis des unheiligen Tuns bildete die Multistrada 1200, die Diavel hatte von ihr den Testastretta-Motor geerbt, das Ride-by-Wire, die Ducati Traction Control, ABS und die Riding Modes. Mit Mitsubishi-Einspritzung und -Drosselklappe lag die Leistung bei 162 PS, das maximale Drehmoment bei 127,5 Nm. Für eine verbesserte Leistungsabgabe hatten die Krümmer beider Zylinder identische Baulängen. Die Krümmer mit 58 mm Durchmesser waren Teil der 2-in-1-in-2 Auspuffanlage. Zum Motormanagement gehörte eine Lambdasonde für jeden Zylinder; in den massiven, doppelläufigen Endschalldämpfern waren die Katalysatoren mit untergebracht. Eine elektronisch geregelte Auspuffklappe optimierte den Abgasgegendruck über den gesamten Drehzahlbereich und sorgte für eine verbesserte Leistungs- und Drehmomentabgabe des Motors. Letzterer erhielt seitlich am Motorrad montierte Doppelkühler; thermische Probleme kannte der Hitzkopf nicht. Die Sitzbank der Diavel war zweiteilig, sehr breit und mit 770 mm Sitzhöhe (die optional noch einmal um 20 mm abgesenkt werden konnte) so niedrig wie bei keiner anderen Ducati. Mit 210 Kilogramm war die Diavel leichter als die vergleichbare Konkurrenz.

Von Anfang an war sie in zwei Varianten lieferbar, als Diavel und Diavel Karbon, letztere mit gesenkgeschmiedeten Marchesini-Leichmetallfelgen (minus 2,5 Kilo) und Karbon für Tankverkleidungen, Soziussitzabdeckung sowie Vorderradkotflügel. Noch relativ neu, empfing die Streetfighter nur kosmetische Änderungen für 2011, etwa neue Farben (Arktisweiß) oder einen roten Rahmen bei der roten S und einen mattschwarzen für die diamantschwarzen Streetfighter. Beide Modelle hatten jetzt schwarze Kühlergehäuse, und alle S-Versionen verfügten über schwarze Räder. Wenig Handlungsbedarf bestand auch bei der kürzlich eingeführten 1200 Multistrada, ebenso bei der Hypermotard-Reihe.

Neu im Supersportsegment war 2012 die 1199 Panigale mit dem neuen Superquadro-Motor, der leistungsstärkste Großserien-V2 aller Zeiten: Mit sagenhaften 195 PS bei 10.750/min schiebt der überquadratisch (Bohrung x Hub 112 x 80,6 mm) ausgelegte Twin den Asphalt nach hinten, was den Einsatz von Fahrdynamik-Regelsystemen (die Ducati ja sowieso schon anbietet) angeraten sein lässt. Vollgetankt bringt die Panigale noch nicht einmal 190 Kilogramm auf die Waage; das neue supersportliche Flaggschiff ist eine klare Kampfansage an die in diesem Bereich gegenwärtig dominierende BMW S 1000 RR. Ohne Zweifel hat Ducati für das neue Jahrzehnt damit ein herausragendes Sportmotorrad im Programm, das die Reihe der legendären Sportmotorräder vom Schlage einer 750 und 900 SS, 916 und Desmosedicci würdig fortsetzt.

Für das Custom-Segment entlehnte sich Ducati aus dem bologneser Dialekt den Begriff »Diavel«, um die Verbundenheit zur Region zu demonstrieren.

DUCATI
DIAVEL

Ducati zwischen Vergangenheit, Gegenwart und Zukunft

Im Laufe der Jahre erlebte das Unternehmen in seiner Entwicklung Höhen und Tiefen. In der Zeit nach dem Zweiten Weltkrieg wurde die Kontrolle von Ducati von mehreren stattlichen Stellen wie der IRI, dem Institut für industriellen Wiederaufbau übernommen. Man suchte für die vom Krieg stark zerstörte Fabrik in Bologna weitere neue Aufgabengebiete und gründete eine Entwicklungsabteilung, die bald danach eine aufsehenerregende Taschenkamera vorstellen konnte. Der Markt für Produkte dieser Art erwies sich aber als noch nicht aufnahmefähig und so wurde diese Ducati Micro-Kamera nur bis Ende der 40er Jahre gebaut.
1969 übernahm die EFIM (offizieller Fonds des italienischen Staats mit privaten und staatlichen Anlegern). Zur EFIM gehörten unter anderem in der 70er Jahren Alfa Romeo, die Fluggesellschaft Al Italia, Teilabschnitte der italienischen Autobahn und viele andere italienische Unternehmungen. Ducati war teilweise im Besitz der EFIM bis in die 90er Jahre bis zur Privatisierung.
Die Rennerei vertrug sich nicht mit der Philosophie der EFIM. Ihr ging es in erster Linie darum, reine Serienmotorräder zu bauen und damit Geld zu verdienen.
Im Jahr 1978 übernahmen die Brüder Claudio und Gianfranco Castiglioni eine neue Motorradfirma in Varese: Cagiva. Ein sehr durchdachtes Entwicklungsprogramm mit Engagement im Straßen-, MotoCross-, Trial- und Geländesport wurde durchgezogen. Es gelang Cagiva als einzigem italienischen Motorradhersteller, anfangs der 80er-Jahre die Umsätze zu steigern.
Am 1. Juni 1983 wurde eine Zusammenarbeit zwischen Ducati Meccanica und Cagiva Varese bekannt gegeben. Cagiva, das aufstrebende Privatunternehmen, steigert die Motorradproduktion von 7.800 Stück im Jahr 1980 auf 50.000 Stück im Jahr 1983, ganz im Gegensatz zum Staatsbetrieb Ducati, der 1982 nur 7.800 Stück produzierte und für 1983 gar nur 6.000 Stück plante.
Trotz der hohen Nachfrage nach Ducatis schlitterte die Cagiva-Gruppe in eine Finanzkrise. Die Zulieferung der Teile geriet durch die angespannte Finanzsituation ins Stocken und nur ein Bruchteil der geplanten Jahresproduktion konnte produziert

DUCATI
brembo

DUCATI

werden. Cagiva suchte nach Käufern für Ducati. Die hohe Nachfrage und Qualität, modernste Technologie und einmaliges Design weckten sofort das Interesse von Investoren und so wurden zum Jahresende 1996 51% der Ducati-Anteile an die amerikanische Finanzgruppe TPC (Texas Pacific Group) verkauft. Ducati konnte sich, unterstützt durch Sport- und Verkaufserfolge, finanziell festigen. Im Jahr 2006 konnten so die Aktienpakete der TPC mit der Unterzeichnung eines endgültigen Vertrages zwischen TPG und InvestIndustrial gesichert werden.

Ducati war wieder vollständig in Italien angekommen.

Trotz der vergleichsweise kleinen Betriebsgröße und deutlich geringeren Produktionszahlen im Vergleich zu den japanischen Marken ist Ducati im Segment Straßenmotorräder in vielen Hubraumklassen gut vertreten. Natürlich hat man mit dem mehrfachen Weltmeister Valentino Rossi als Repräsentant der Marke einen sehr populären Trumpf in der Hand.

Der sportliche Charakter der Panigale wird noch deutlicher hervorgehoben, wenn Valentino Rossi, mit Knieeinsatz, am Limit die Kurven nimmt.

Ducatis vorläufig neueste Kreation ist die 1199 Panigale, die man aus den Rennerfahrungen entwickelt hat. Das neue Superbike wird damit erstmals, neben der Zahlenkombination als Hinweis auf den Hubraum, auch einen Namenszusatz tragen. »Panigale« ist ein Tribut an den Bologneser Stadtteil Borgo Panigale, in dem Ducati seit Firmengründung beheimatet ist.

DUCATI
1199 PANIGALE S
DUCATI
DUCATI
DUCATI
brembo

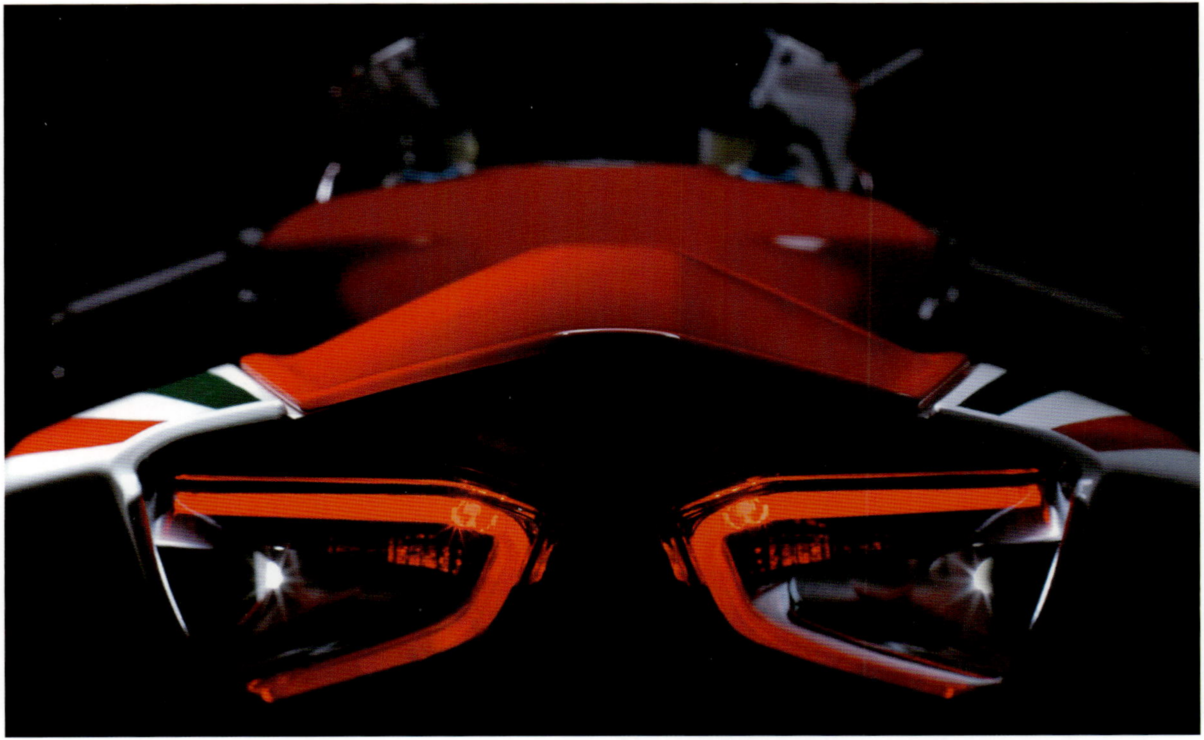

VALERIO BONI

Valerio Boni übt seinen Beruf als Journalist seit 1977 aus. Seine Leidenschaft gilt der Motorradwelt.
Er hat sich in den Bereichen Off-Road verschrieben und beteiligte sich an Veranstaltungen bei den ersten afrikanischen Rennen in Marokko, Ägypten und Tunesien, sowohl als Berichterstatter als auch als Teilnehmer.
Danach arbeitete er als Motorrad-Redakteur und -Tester.
Derzeit ist er Chefredakteur der monatlich erscheinenden Gazette »Panoramauto«.
Als Autor betreute er in den 90er Jahren eine Reihe von Jahrbüchern über die MotoGP-Szene, desweiteren schrieb er eine Reihe von technischen Büchern in den Bereichen Automobil und Motorrad.

MARCO GUIDETTI

Marco Guidettis Interresse am Motorsport erwachte im Alter von 14 Jahren. Dabei trat er in die Fußstapfen seines Vaters und machte seine Liebe zu Autos zu seinem Beruf.
Beruf. Als Fotograf und Autor berichtete er über die Formel 1, Motorrad-und Motocross-Weltmeisterschaften für verschiedene Fachzeitschriften.
Er berichtete auch über drei Paris-Dakar-Rallyes, nahm selbst an einer Camel Trophy teil und betätigte sich als Testfahrer für Autos und Motorräder.
Sein Spezialgebiet ist jedoch der Motorrad-GP.
Für die Dorna Sports, dem spanischen Unternehmen, welches als Dachorganisation für die Rennveranstaltungen fungiert, begleitet er seit fast 30 Jahren die Läufe der Motorrad-WM. Er besitzt eines der größten Fotoarchive der Welt.

DUCATI
DUCATI